星を楽しむ

星空写真の写しかた

大野裕明　榎本 司

星、月、星座、流れ星、
うつくしい星空を素敵に撮る

はじめに

私が天文に興味を持ったのは、小学校5年生のときでした。ほぼ58年前の星空の美しさは、街中でも天の川を存分に見られるほどでした。父にねだって一眼レフカメラを買ってもらい、星空を撮影し始めた直後の1965年、世紀の大彗星「池谷・関彗星」が出現しました。夜明け前の東の空にのびる、角度で20度ほども長い尾は、まるで星にしっぽが生えたようで、肉眼でもよく見えました。この巨大な美しい彗星との対面が私と天体写真との出会いでもあり、今でも思い出の写真として大切に保管しています。

もちろん、このころの天体写真撮影はフィルムの時代です。しかも低感度の白黒フィルムで、なかなか星が写ってくれませんでした。撮影後も写真屋さんに現像とプリントを頼むと、仕上がるまでの時間が長かったこと。しかし、待ちに待って写真を受け取り、プリントされた写真の写りが良ければ、逆立ちでもしたくなるほどの喜びであったことを、昨日のことのように覚えています。

そのフィルムも近年ではデジタルとなり、時代は流れました。この本では、真っ先にデジタルカメラを入手し天体写真を撮影してきた一人として、これまで苦心してきたことを含めて皆さんにお伝えしますので、すばらしい天体写真の分野を切り開いていただきたいと思います。

カメラ自体も目覚ましい発展をしています。多種多様に利用できるデジタル一眼レフカメラはISO感度も驚異的に高まり、大げさにいってしまえば、三脚にカメラを固定せず、手持ちで星座や星ぼしを撮影することさえできます。

また動画にしても、流星群や火球はもとより、オーロラまで写ります。今や不可能な撮影はないといってもいいほどです。またコンパクトデジタルカメラの機能には、星空モードなどの撮影モードも入るようになりました。

さらに著しい進化をしているのがスマートフォンです。「携帯電話にカメラが付いたよ！」という初期の時代から、その進化の過程を目にしてきた私にとって、目を瞠るものがあります。今や当たり前のように動画の撮影ができたり、タイムラプス機能が付いていたり、いろいろな映像を撮影して手軽に楽しむことができます。

撮影した映像を、そのままリアルタイムで知人に送ることも可能になり、日本国内はもとより世界中から、まるで隣にいるような感覚で、映像を楽しむことができる時代です。

本書では、最近では誰もが持っているスマートフォンのカメラでの星空の写しかたから、コンパクトデジタルカメラ、ミラーレスカメラはもちろんのこと、本格的なデジタル一眼レフカメラにおいて、楽しく気軽に星空を写す手順をやさしく解説しました。

どこかで、きれいな星空に出会ったら、カメラを取り出して、ぜひ星空の撮影してみませんか。

2019年8月

星の村天文台長　大野裕明

CONTENTS

第2章　星空写真の撮影のきほん

第3章　星空写真を写してみよう

第4章 いろいろな天体を写してみよう

第5章 星空写真のRAW現像と画像処理

第1章

星空を写す
カメラについて

夕焼け空に輝く月をスマートフォンで撮影

ISSの飛行をスマートフォンで撮影

皆既月食中の月をコンパクトデジタルカメラで撮影

ふたご座流星群をコンパクトデジタルカメラでガイド撮影

昇る満月を望遠レンズを使ってフルサイズカメラで撮影

カシオペヤ座の星の軌跡を
フォーサーズカメラで撮影

ひまわり畑にかかる夏の天
の川と皆既月食中の月をフ
ルサイズカメラで撮影

北斗七星をフルサイズ
カメラで固定撮影

南半球の天の川を魚眼
レンズとフルサイズカ
メラでガイド撮影

星空を写すことができるカメラ

今やデジタルカメラのほとんどで、気軽に星空を撮影できます、といっても過言ではありません。この本では、いろいろなデジタルカメラを使った星空の撮影を紹介します。

デジタルカメラには、一眼レフカメラ、ミラーレスカメラ、コンパクトデジタルカメラなどがありますが、この本では、スマートフォンでの撮影も紹介しています。

デジタルカメラの技術は日々進歩していて、高感度での低ノイズ化、比較明合成やタイムラプス動画作成、HDR（ハイダイナミックレンジ）合成などの便利な機能もカメラ内の処理でできるようになりました。デジタルカメラの進化とともに、星空の撮影はより手軽に楽しめるようになっています。

● **スマートフォン**

スマートフォンのカメラは、とくに著しく進化しています。レンズが3つや4つ付いていて、撮影対象によってレンズを使い分けるものもあります。

● **全天周カメラ**

スマホの半分ほどの大きさにもかかわらず、全方位360°が写せるカメラです。オーロラや皆既日食の様子など、広範囲での撮影に活用できます。動画も写せるので、1台あるといろいろな撮影が楽しめます。

● **コンパクトデジタルカメラ**

開放F値の明るいレンズや、高感度設定ができたり、タイムラプス機能をはじめ、コンパクトデジタルカメラでも星空の写真が撮れるようになりました。機種によっては星空撮影モード付きのカメラもあります。手軽なので初心者におすすめです。

● 超望遠 デジタルカメラ

もはやコンパクトデジタルカメラとはよべないほどの大きさで、デジタル一眼レフカメラよりそのボディは大きくなります。レンズの焦点距離が1000mmを超え、月面クレーターや木星の縞模様や、土星の環まで撮影できる、このタイプのカメラの拡大率は脅威的です。

● 超高感度対応ミラーレスカメラ

ミラーレスデジタル一眼カメラには、超高感度で動画撮影ができるカメラも登場しています。皆既月食や流れ星、オーロラの撮影などなど、動きのある現象の撮影に役立ちます。

● APSカメラ

フルサイズのカメラにくらべコンパクト、しかも価格が手ごろな一眼レフです。同じ焦点距離のレンズなら撮影する天体が画角に対して大きく写すことができます。日食や月食での撮影で重宝します。

● ミラーレスカメラ

カメラの中にミラーボックスがないので、カメラボディが非常にコンパクトで軽量です。そして、撮影時にミラーショックがないことが最大の利点です。また、いろいろな機能が搭載されているのも特徴です。

● フルサイズカメラ

フルサイズのデジタル一眼レフカメラであれば、かつてのフィルムカメラの大判カメラに匹敵する画質があります。星空を美しく撮影するのが目的であるならば、フルサイズカメラをおすすめします。

カメラのフォーマットサイズ

デジタルカメラは、レンズで集めた光をイメージセンサーで光情報を電気的にとらえます。このイメージセンサーは、画素（ピクセル）が、平面に規則正しく配列されています。その画素の総数を「総画素数」といいます。この撮像素子の大きさで、カメラのフォーマットサイズを分けています。

イメージセンサーにはいろいろなサイズがありますが、市販されている一眼レフカメラには35mmフルサイズやAPSサイズ、ミラーレスカメラにはマイクロフォーサーズが多く使われています。コンパクトデジタルカメラは、かつては2/3インチ、1/1.7サイズといった小型のものが使われていましたが、1インチ以上のセンサーを搭載した機種もあります。

また、同じ1画素でも、サイズが大きいものと小さいものがあります。1画素のサイズが大きいと、それだけ光の情報をためることができます。大きな画素と小さな画素のセンサーを比較すると、星空の撮影で常用する高感度では、大きな画素のセンサーの方が、階調が豊かになります。ですので、同じ総画素数のセンサーの場合、センサーのサイズが大きいものの方が星空の撮影に向いています。

星空撮影で使用するカメラを選ぶときには、イメージセンサーの大きさも、チェックしましょう。

● フルサイズのイメージセンサー

● マイクロフォーサーズのイメージセンサー

●イメージセンサーのサイズ

■ デジタル一眼レフカメラ、ミラーレス一眼カメラ

35mm 判フルサイズ
36mm×24mm

APS-C
23.4mm×16.7mm

マイクロフォーサーズ
18mm×13.5mm

■ コンパクトデジタルカメラ、デジタルビデオカメラなど

2/3
8.8mm×6.6mm

1/1.8
6.9mm×5.2mm

1/2.5
5.7mm×4.3m

1/1.8
4.8mm×3.6mm

●フォーマットサイズごとの写る範囲

レンズの焦点距離と写る範囲

カメラのレンズや交換レンズには「50mm F2.8」や「24mm-105mm F4.0-F5.6」のように焦点距離と開放F値が表記されています。レンズの性能を示す大切な指標です。

焦点距離は、レンズを通った光が集まる点、焦点とレンズの距離のことで、この焦点距離の長さで、星の写る範囲が決まります。

焦点距離が50mm前後のものを、眼である観察対象に注目したときの視界に近いという理由から標準レンズ。それより焦点距離が短いものを広角レンズ。長いものを望遠レンズとよんでいます。画面の対角線が180°にもなる対角線魚眼レンズや、180°の視界すべてを円形に写すことができる円周魚眼レンズといった特殊なレンズもあります。

一方、最近主流となっているのが、焦点距離を1本のレンズで可変できるズームレンズです。レンズ指標に「24mm-105mm」とあるのは、24mmから105mmまで連続的に焦点距離を変えることができるズームレンズという意味になります。これに対して、焦点距離が固定のものを単焦点レンズとよんでいます。

もう一つの指標、開放F値とはレンズの焦点距離をレンズの有効口径で割った値で、レンズの明るさを示す指標です。この値が小さいほど、暗い撮影対象を明るく写すことができます。

では、実際にどのくらいの範囲の星空が写るのか、焦点距離別に見てみましょう。カメラで写る広さの範囲を、画面の対角線の角度で表わしたものを画角といいます。この画角はカメラレンズの焦点距離と撮像素子のサイズで決まります。右ページの表は焦点距離別の画角を紹介したものです。

前ページで、撮像センサーにはさま

レンズの焦点距離とフォーマットサイズの組み合わせは複雑です

ざまなサイズのものが存在するというお話をしました。その撮像センサーのサイズによっても星空が写る範囲が異なります。これではどの焦点距離でどのくらいの画角になるかイメージするのはたいへんです。そこで考え出されたのが35mm判サイズ相当（換算）という焦点距離の表わし方です。たとえばAPS-Cサイズの撮像素子を搭載したカメラで、31mmの焦点距離のレンズを使う場合、カメラレンズの説明書に「35mm判相当の値にするには焦点距離を1.6倍してください」と書かれていれば、このカメラで31mmのレンズは標準レンズの画角にあたるということがすぐわかります。

焦点距離別の画角

レンズの焦点距離	35mm判カメラの画角	対角線
14mm	104×81°	114°
20mm	84×62°	94°
24mm	74×53°	84°
28mm	65×46°	75°
35mm	54×38°	62°
50mm	40×27°	46°
85mm	25°50′×16°00′	28°
105mm	19°30′×13°00′	23°
135mm	15°10′×10°10′	18°
180mm	11°30′× 7°40′	13°40′
200mm	10°20′× 6°50′	12°20′

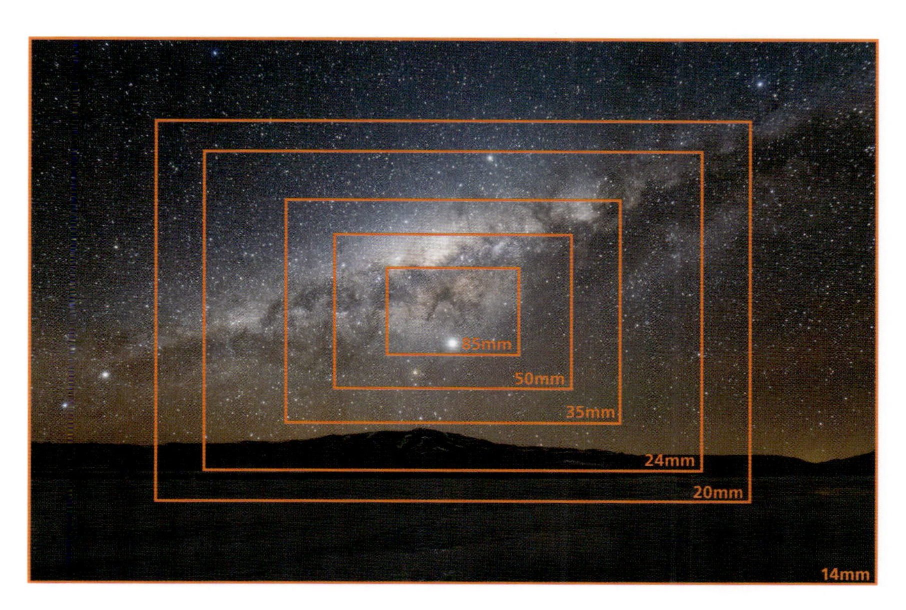

● **レンズの焦点距離による画角の違い**

14mmの超広角レンズから85mmの中望遠レンズまでの画角の違いです

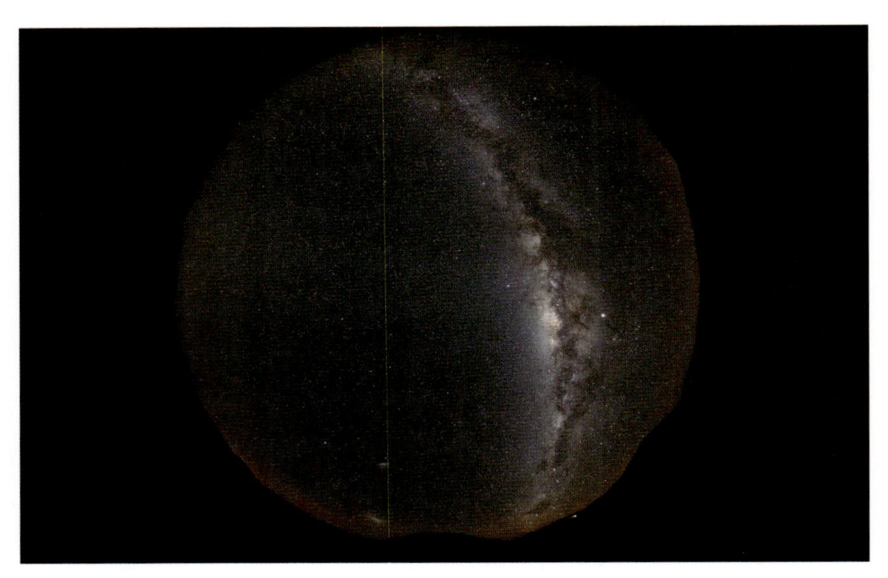

● 8mm（円周魚眼レンズ）

円周魚眼レンズは見上げた星空すべてを円形に写し撮ることができるレンズです。フィッシュアイレンズともよばれます。

● 16mm（対角魚眼レンズ）

対角魚眼レンズは画面の対角線が180°もの広さを持つレンズで、画面中心から離れるにしたがって直線が歪曲して写ります。

● 14mm（超広角レンズ）

広大な風景の広がりとともに星空を写したいような場面で活躍するレンズです。たくさんの星座を一緒に撮影したり、天の川を撮影するのに適します。

● 24mm（広角レンズ）

風景とともに星座を写したいような場面で活躍するレンズです。夏の大三角や冬の大三角といった星空の指標や、おおぐま座といった大きな星座の撮影に向きます。

● 35mm（準広角レンズ）

1つの星座に焦点を当てて撮影するのに適したレンズです。たいていの星座は35mmで全体像を撮影することができます。

● 50mm（標準レンズ）

オリオン座など比較的小さな星座の全体像を写し撮るのに最適なレンズです。見た目と同じくらいの画角を持つレンズで、星座の大きさを実感できます。

● 85mm（準望遠レンズ）

星座の一部を切り取ったり、いるか座やや座など小型の星座を写し撮るのに適したレンズです、大きな星雲や星団の組み合わせを撮影するのにも向いています。

● 200mm（望遠レンズ）

比較的大きな星雲や星団を単体で撮影することもできる望遠レンズです。赤道儀などに搭載してガイド撮影する必要があります。

星空撮影に必要なもの

三脚のいろいろ

星空の撮影は手軽にできますが、長時間の露出が必要になりますので、三脚が必要になります。

三脚には、三脚を伸ばしたときの高さ、三脚の重量、積載重量、雲台の形状、素材など、いろいろ考慮する点があります。自分の撮影の目的に合った三脚を選びましょう。

星空の撮影では、露出時間が一般の撮影にくらべると長く、しっかりとカメラを支えることが必須です。少しくらいの風では動かない頑丈な三脚が必要です。とはいえ、やたらに重い三脚がいいわけではありません。三脚の素材には、一般的にアルミ合金とカーボンがあります。サイズが同じであればカーボン製の三脚の方が軽く、振動をよく吸収しますが、価格は高くなります。

これから星空の写真を始めようと思っている人には、中型三脚がおすすめです。このクラスであれば広角レンズでの星空の風景写真や、ポータブル赤道儀に広角レンズを装着したカメラでガイド撮影も可能です。
また、ポータブル赤道儀に望遠レンズを組み合わせて撮影する場合は、大型の三脚が必要になります。あるいはポータブル赤道儀専用三脚も用意されています。また、長時間のタイムラプス撮影なども大型の三脚を使います。

三脚は、1本の脚が何本のパイプで構成されているかを段数で数えます。左の三脚は3段、右の三脚は4段です。脚を伸ばしたときの高さが同じ場合は段数が少ない方が強度の面では有利ですが、脚を畳んだときの全長は長くなります。

雲台のいろいろ

三脚とカメラの間に取り付ける装置が雲台です。3ウェイ雲台、ワンストップ式雲台、自由雲台（ボールヘッド）の3タイプがあります。

3ウェイ雲台はカメラを上下、左右、斜めの3軸方向に動かすことができ、パン棒とよばれるハンドルで操作します。細かな構図決めには便利です。ただし星空の撮影では、パン棒が三脚に当たってしまうことがあるので、その場合はカメラの向きを変えて使います。

ワンストップ雲台はパン棒1本で上下、左右方向の2方向にカメラを動かすことができ、便利なように思えますが、実は星空の撮影では構図を決めにくく、あまり使うことはありません。

自由雲台は、どの方向にも動かすことができ、星空の撮影では、たいへん重宝する雲台です。一方で細かい構図の調整がむずかしく、搭載するカメラの重量に対して充分大きな自由雲台を使う必要があります。小さな自由雲台を使用すると、撮影中にカメラが動いてしまうことがあるので注意しましょう。

一般的な自由雲台（ボールヘッド）（左）と、クイックシューが付き、カメラの脱着が容易にできる自由雲台（右）。

3ウェイ雲台（左）と、ワンストップ（フリーターン）式雲台（右）。

太ネジ（左）と細ネジ（右）

カメラと雲台、三脚を固定するネジには、細ネジ（UNC1/4）と太ネジ（UNC3/8）という2種類の太さのネジがありますので、注意しましょう。細ネジを太ネジに変換するアダプターもあります。

そのほかの必要なもの

● タイマーリモートコントローラー

カメラのシャッターなどに手を触れると、カメラブレが生じます。このコントローラーを付ければカメラブレはまったく心配なく、タイムラプス撮影など、さまざまなコマンドを出すことができます。

● 予備バッテリー

バッテリーはリチウム電池になってから小型軽量になっています。容量も大きくなり、寒さにも強くなりました。寒い夜はカメラのバッテリーの消費が早くなります。また飛行機に乗る場合は、預け入れトランクに入れてはいけません。バッテリーは絶縁状態にして機内に持ち込みます。

● モバイルバッテリー

ポータブル赤道儀やレンズの露よけヒーターやの電源として使用します。また、本来のスマートフォンの充電にも当然ながら使えます。繰り返して使えるので、星空撮影には欠かせません。

● 予備のメモリーカード

撮影した画像を保存しておくメモリーカードは、品質がよく高機能なものを選びましょう。とくにタイムラプスなど撮影枚数が多い場合に、メモリーカードの容量も重要です。併せてデータの書込速度も注意です。できれば予備として1〜2枚は用意するようにしましょう。

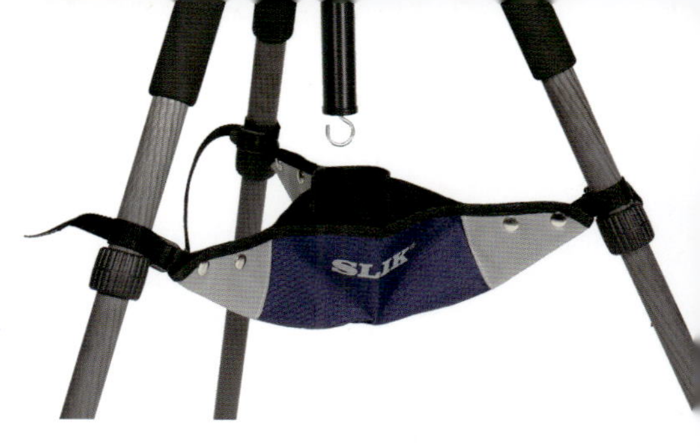

● ストーンバッグ

三脚の脚に取り付け、石や使っていない機材など置いて重心を下げ、安定度を増すために使うのがストーンバッグです。軽量な三脚の安定度を高めることができます。おもりの目安は三脚の最大積載重量の半分程度です。

● レンズヒーター

きれいに星空を撮影できたと思っても、夜露でカメラレンズがびっしょり濡れていたらたいへんです。画像はすりガラスを通して写したようにボケボケで、何が写っているのかがわからないほどです。そんなことにならないように、とくに湿度が高い夜には、カメラレンズに取り付けたレンズフードなどに、露除けヒーターを巻き付けて、レンズに露が付かないようにしましょう。

● カメラ用ヒーター

とくに湿度が高い夜には、カメラに露が付かないように注意しましょう。また、冬場にはカメラが冷え過ぎないように、ヒーターを巻き付けて、保温します。

● 水準器

三脚のヘッドの部分を水平にするために必要です。
三脚にもともと水準器が内蔵されているタイプもありますが、これとは別に、十字型の水平が測れる水準器があると便利です。また、スマートフォンのアプリでも代用できます。

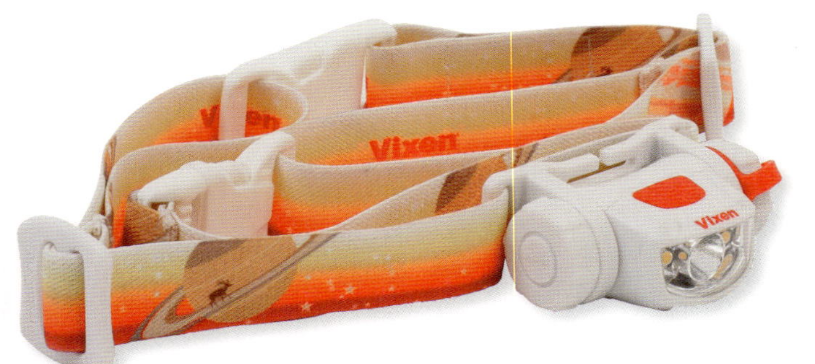

● ヘッドランプ

天体撮影においてライトは必需品です。両手を使って作業できるヘッドランプ、手元だけを照らせる手元ライト、そして目に刺激が少ない赤色ライトがあると便利です。強力なライトだと周りの迷惑になりますので、減光機能があるライト、もしくはライトの前にビニールテープを重ねて貼って明るさを調整します。私の場合は布のクラフトテープを重ねて貼ります。電球色の優しい色合いなので好んで使用しています。

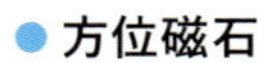

● 方位磁石

最近は、スマートフォンがあれば事足りてしまいますが、私はいつも方位磁石を用意しています。雲で北極星が確認できないときなど、方位磁石があると便利です。

● スマートフォン

星空シミュレーションアプリ、赤色のライト、カメラのコントローラーなど、アプリを入れることで、スマートフォンにいろいろな機能を持たせることができます。今や万能のアイテムです。

● シートと星座早見盤

星空の撮影では、長時間屋外に滞在することになります。撮影中は、シートに腰を下ろして休みながら、そして何より満天の星空を楽しみながら、撮影をしましょう。じっくり星空を楽しむには、星座早見盤が最適です。見える星座や星の位置、これからどのくらいで星が沈むのか、昇ってくるのかを確認することができます。

星空撮影のための服装

夏の星空の撮影では、虫よけなどの方策を考える必要がありますが、寒い時期には、服装でいろいろ工夫が必要になります。

服装：気温に応じセーターや防寒着など準備しましょう。ダウンジャケットなどの冬装備やオーロラ観測など極寒地での体温維持は、なるべく下着に保温効果の高いものを着ることです。確実に空気の層を作ることで、暖かさを逃がしにくくなります。

帽子：防寒着の帽子も利用できますが、それとは別に帽子を用意しましょう。カメラのファインダーや望遠鏡をのぞいたときに当たって邪魔にならないよう、つばの付いていない帽子にしましょう。

手袋：スマートフォンなどが操作できるタイプを選びましょう。また作業等に指先を出せるように工夫された手袋もあります。

靴：冷え込んだときには、足の指先からしんしんと冷たさが伝わり、居ても立ってもいられなくなります。防寒用の靴を履くことをおすすめします。防寒用の靴がない場合には、足用の使い捨てカイロを使いましょう。

● ダウンジャケット

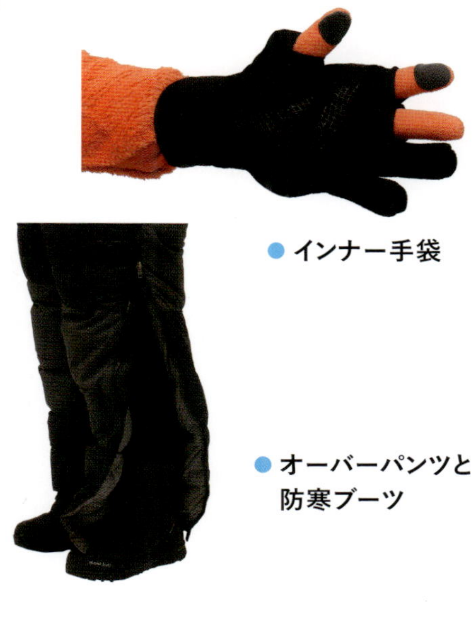

● インナー手袋

● オーバーパンツと防寒ブーツ

星の動きを追尾する架台“赤道儀”

星の明るさは、明るいようで、暗いものです。撮影では、こうした星ぼしの光をいかにしてカメラに取り込むかが問題です。これまでにお話しした固定撮影でも、充分に星空は撮影できます。しかし、もっと露出時間をかけてみたり、望遠レンズで星雲や星団を撮影してみたい場合には、固定撮影ですと日周運動により星が動いて線状に写ってしまいます。

そこで、地球の回転による星の動きに合わせて、星の動きを追尾できる天体望遠鏡の架台「赤道儀」にカメラを載せて撮影する「ガイド撮影」を行ないます。長時間の露出ができるので、淡い天体や暗い星を写すことができ、星空をよりはっきりと写すことができるようになります。固定撮影では明瞭に写せなかった天の川も、はっきりと写すことができます。また、流星の撮影では、比較明合成の画像処理を行なうことで、流れ星が輻射点から放射状に飛び出していることがわかる画像を得ることができます。

地上の風景を構図に入れて撮影するとき、地上物が動いて写ることがガイド撮影の特徴の一つです。シルエットで写り込む山などは、あまり長く露出すると、何が写っているか、どこで撮影した風景なのかがわからなくなってしまいます。露出時間を短めにして切り上げると、固定撮影の写真とは一味違う描写が得られます。ただし、遠くの街灯などの光源は明るい光の軌跡として写ってしまうので注意しましょう。

ガイド撮影では撮影前に必ず、赤道儀の極軸合わせといい、赤道儀の極軸を天の北極や天の南極に合わせる作業を行ないます。この設定をおろそかにすると、星が点像に写りません。最近は、写真撮影専用のポータブル赤道儀にもさまざまな製品があります。

なお、極軸合わせの際にあると便利な極軸望遠鏡が組み込まれているものもありますが、コンパクトなタイプのものでは極軸望遠鏡がないものもあります。

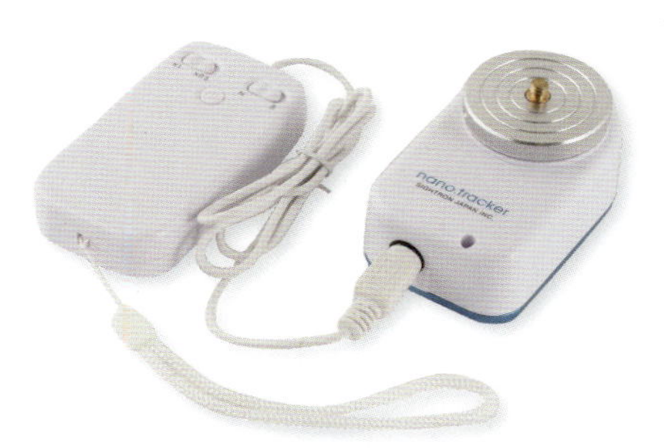

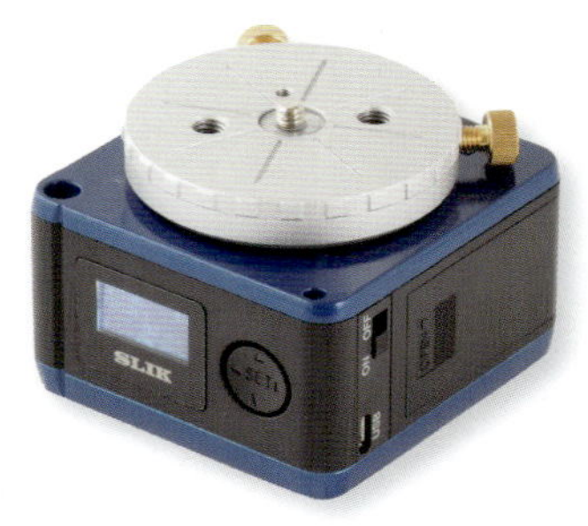

● NEWナノ・トラッカー／サイトロンジャパン

恒星時追尾、月追尾、太陽追尾と、0.5倍速モードを搭載。非常に小型で軽量の赤道儀です。「北極星のぞき穴」を使って極軸を合わせます。コンパスアングルプレートに取り付けると、使い勝手がよくなります。

● ASTRA（アストラ）ECH-630／ケンコー・トキナー

小型でしっかりした赤道儀、そしてタイムラプスで正転や逆転のほかスピードも変化させられます。小型で軽量ですが、最大5kgまでの機材を搭載することができます。赤道儀機能とタイムラプス撮影ができる電動雲台です

● スカイメモS／ケンコー・トキナー

極軸望遠鏡・明視野照明装置を装備し、4種類の追尾モードを搭載しています。別売のシャッターケーブルを使用すれば、タイムラプス撮影やインターバル撮影ができる多機能ポータブル赤道儀です。

● ポラリエ／ビクセン

オプションパーツが充実し、いろいろな撮影に対応します。ポラリエの形状がカメラの形をしているのが特徴的です。4つの撮影モード、月追尾、太陽追尾、星追尾、星景撮影（1/2倍速追尾）を備え、焦点距離100mmまでのレンズをカバーします。

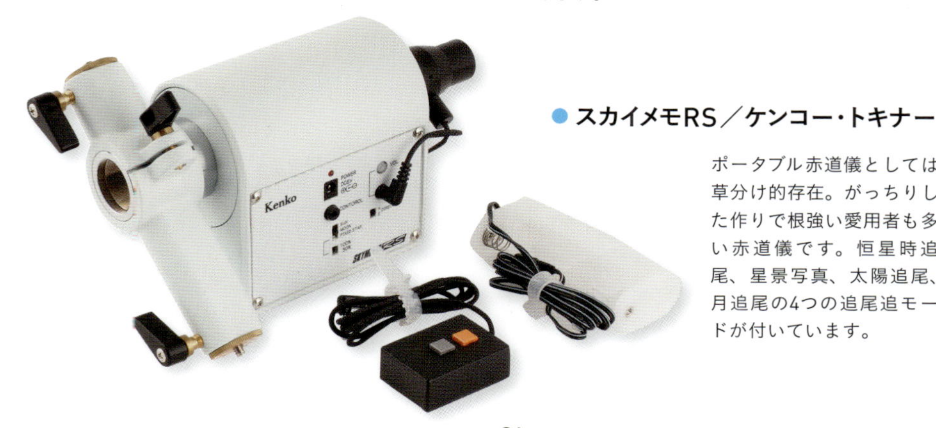

● スカイメモRS／ケンコー・トキナー

ポータブル赤道儀としては草分け的存在。がっちりした作りで根強い愛用者も多い赤道儀です。恒星時追尾、星景写真、太陽追尾、月追尾の4つの追尾追モードが付いています。

フィルターのいろいろ

ソフトフィルター

　肉眼で見ているときにははっきりとわかる星座が、撮影してみるとさっぱりわからなくなる。星空撮影をしているとこんなことがよく起こります。これは人間の目では認識できている星の明るさが、デジタルカメラでは充分に再現しきれていない、というところから起こる現象です。

　フィルムを使って撮影していたころは、フィルム自体に光をにじませる効果があったため、明るい星ほど大きく滲み、結果として明るい星で構成される星座が見やすくなるという現象がありました。しかしデジタルカメラの撮

● フィルター未使用

像素子はフィルムのように光が滲むということがないため、同じような効果を得るには、ソフトフィルターを使い、星の光を滲ませる必要があります。

ソフトフィルターはさまざまな種類が発売されていますが、それぞれ効果が違いますから、自分の好みのものを探してみるのも楽しいでしょう。超広角レンズなどレンズの前にフィルターが付けられないレンズには、フィルム状のソフトフィルター（英LEE Filterなど）をカットしてレンズの撮像素子側に張り付けて使用します。

癖のないソフト効果で愛用者が多いケンコープロソフトンA（左）ケンコープロソフトンB（右）。ソフトンBの方が効果が強くなっています。

最近では前玉の大きなレンズ用に130×170mmといった大型のフィルターや、フィルターねじのない超広角レンズに大型のフィルターを装着するためのホルダーも販売されています。

● フィルター使用

光害カットフィルター

日本国内はもちろん国外でも、よほど人がいないところに行かない限りついて回るのが人間の活動にともなう光です。これらの光は街灯や工場、ビルなど照明に使われる水銀灯やナトリウムランプなどの明かりがほとんどです。これらの光は、肉眼で見ていたときは白かったのに、撮影すると緑や黄色、オレンジ色などの色カブリを起こすという、困った存在です。

とはいえ、緑や黄色、オレンジ色の色カブリの原因になるのは水銀灯やナトリウムランプが出す特定の波長の極端に強い光が原因のため、その波長だけをカットすれば色カブリを抑えることはできます。そのためのフィルターが「光害カットフィルター」とよばれるものです。

以前は光の干渉を利用して特定の波長をカットするダイクロックフィルターとよばれる特殊なフィルターがほとんどでした。このタイプのフィル

● フィルター未使用

ターは光害カットの効果が高いのですが、およそ100ミリ以上の望遠レンズにしか対応していないという欠点があり、広角レンズでは使えませんでした。

しかし、今では広角レンズでも使える吸収タイプの光害カットフィルターも増えてきました。効果はダイクロックフィルターより弱いのですが、それでも水銀灯やナトリウムランプによる色カブリを効果的に抑えてくれます。また使えるレンズの焦点距離に制限がないので、広角レンズから望遠レンズまでどの焦点距離のレンズでも使用することができます。光害が気になるときには使用してみるとよいでしょう。

ケンコースターリーナイト。吸収型の光害カットフィルターで水銀灯やナトリウムランプ特有の光をカットすることができます。ソフトフィルターとの併用も可能。

● フィルター使用

星空撮影のためのカメラの基本設定と記録形式

この項目では、基本的なカメラの設定について紹介しましょう。まず初めに、画像の記録形式について紹介しましょう。

星空の写真をデジタルカメラで撮影した画像の記録方式には、JPG（jpeg）、RAW、TIFFの3つの形式があります。

JPEG

JPGは、画像を構成する3色、R（赤）G（緑）B（青）の3つの色が、それぞれ8bit 256階調、約1670万色で画像は非逆圧縮されて保存されます。もっとも一般的な記録型式です。

簡単な画像処理を行なう程度であればJPGで充分で、同じ画像を、TIFFやRAWの形式で保存した場合にくらべてデータ量が小さくなります。また、画像を圧縮して保存するので、繰り返し、画像の保存を行なうと画質が劣化します。

TIFF

TIFF型式で表現できる色数は、JPGと同じで、RGBそれぞれ8bit 256階調、約1670万色です。画像は非圧縮、もしくは可逆圧縮されて保存されます。保存の際に圧縮されないこと、可逆圧縮なので、繰り返し保存しても画像に劣化はありません。ただし高画質で保存すると、RAWよりもデータサイズが大きくなるので、最近ではあまり使いません。

RAW

“生データ”という意味のRAW形式は、その多くはRGB各色12bit 4096階調、約6870万色、もしくは各色14bit16384階調・約4兆色で保存されます。

データのサイズが大きくなりますが、カメラ内での画像処理（ホワイトバランスやシャープネス、コントラストなど）前の画像が保存できます。淡い星を浮かび上がらせたり強力な画像処理を行なう際にはRAW形式で画像を保存します。ただ、データが大きいために、連写撮影枚数に制限があり、大容量の記録メディアが必要になります。

❶ 撮影モード

星空の撮影では、M（マニュアル）モード、B（バルブ）モードをよく使います。
いずれのモードも、シャッタースピードとレンズの絞りを変えられるので、星空の撮影ではよく使います。
とくに長時間の露出が必要なときには、シャッタースピードのバルブ（B）を選び、コントローラで、シャッターボタンを押した状態にしておくことで、シャッターを開けた状態にしておくことができます。
なお、夕空に浮かぶ三日月などの撮影では、P（プログラム）モードやAv（絞り優先）モードでは、宵の空に見える三日月や金星などを撮影することができます。この場合の露出の調整は、露出補正機能を使います。

❷ 記録画質と画像サイズ

ふだん使いであれば、JPEGデータの最高画質でよいでしょう。ただし、あとで画像処理をするかもと考えているのであれば、RAWデータでも同時に保存しましょう。撮影する写真の使用目的に応じて、画像サイズを、L・M・Sの3種類から設定することができます。パソコンやタブレットのモニターで写真を鑑賞するのであればSサイズ、A4サイズにプリントするのであればMサイズ、さらに大きくプリントするのであればLサイズを選びましょう。

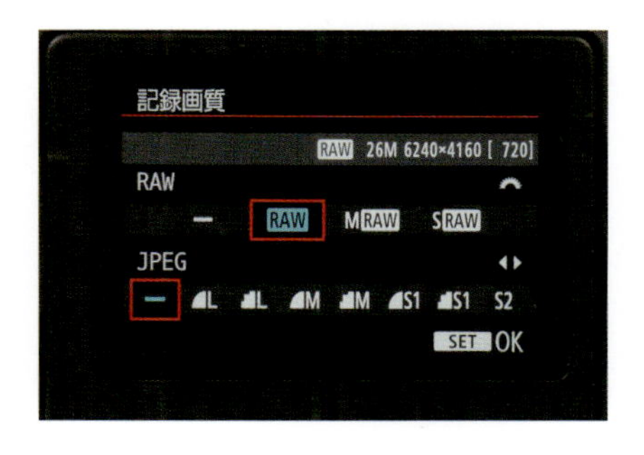

❸ ISO 感度

星空の撮影では撮影する星空が暗いので、おのずと露出時間が長くなります。低感度であれば、それだけ露出時間が長くなるので、露出時間を短くするためにISO感度の設定を高くします。撮影する天体に応じてISO感度を変えます。月や太陽、惑星の撮影では100〜400、ガイド撮影や星雲・星団の撮影では400〜3200くらい、固定撮影では3200〜6400、動画撮影では12800以上の高感度を使う場合もあります。

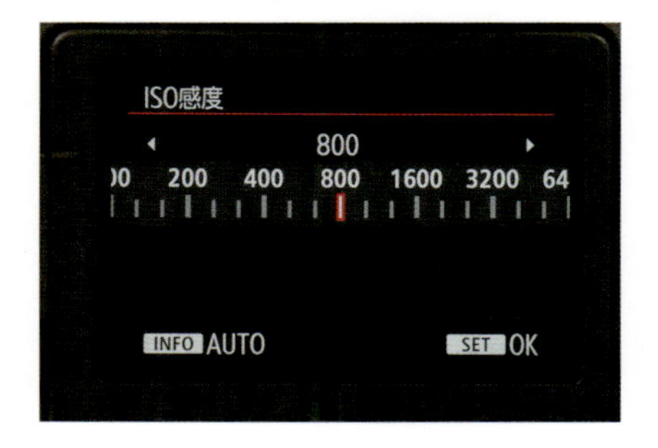

❹ ホワイトバランス

設定はオートでも構いませんが、星空を撮影する環境によっては、大きくバランスが崩れることもあるので、色温度を設定して、自分のイメージに合ったホワイトバランス調整ができます。たとえば、朝方・夕方の光景には曇天を使うことが多いです。

❺ 長秒時露光のノイズ低減

イメージセンサーの長秒時露出で現われるノイズを低減するための設定です。「する」に設定すると、撮影ごとに同じ場所に現われる固定パターンノイズを除去してくれます。ただし、露出時間と同じ時間だけ処理時間がかかり、その間の撮影ができなくなります。

❻ 高感度撮影時のノイズ低減

ISO感度を高くして撮影するほど画像にはノイズが目立ってきます。このノイズを低減する機能が、高感度撮影時のノイズ低減機能です。ノイズ低減の設定は、「しない」「弱め」「標準」「強め」から選択できます。ただし「強め」にノイズ低減をかけると暗い星まで消えてしまうことがあります。通常の星空撮影では「しない」「弱め」を使います。

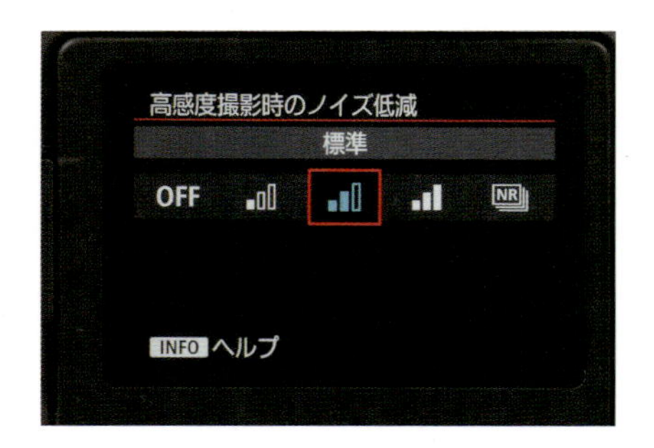

❼ モニターの明るさ調節

星空の撮影では、液晶モニターの明るさを調整しましょう。モニターが明るいと、モニターを見た後で星が見えにくくなったり、周りの人に迷惑をかけることにもなるので注意しましょう。

❽ フォーカスモードをマニュアルに

星空の撮影では、ピント合わせはマニュアルフォーカスです。ただし、月や金星など、明るい天体などは、オートフォーカスでもピントが合う天体もあります。星空の撮影の際は、あらかじめマニュアルフォーカスにしておきましょう。

❾ 手ぶれ補正機能をOFF

星空の撮影では、カメラの向きが一般の撮影とは大きくことなり、傾いた姿勢になります。手ぶれ補正機能の付いたレンズの場合、手ぶれ補正機能をONにしていると、突然動いてしまったりすることがあるので、必ずOFFにしておきます。

❿ 正確なピント合わせ

星空撮影では、ピント合わせは重要です。ピント合わせの際には、かならずライブビューを使いましょう。さらに、ピントルーペを併用するのもよいでしょう。

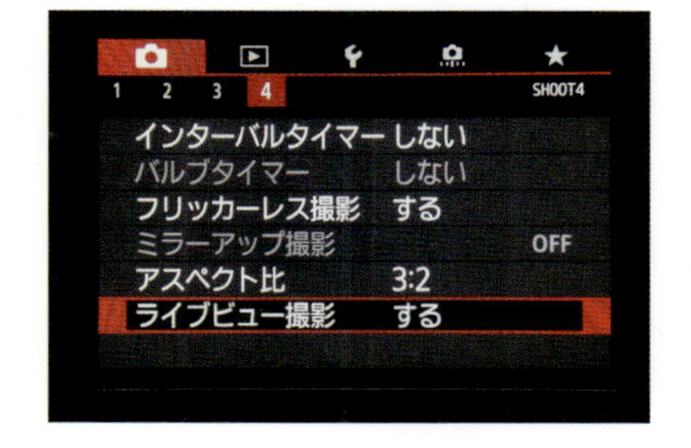

⓫ シャッター速度、絞り値の設定

撮影する天体に合わせて、シャッター速度、絞り値を決めて設定します。試し撮りを行ない、適正な値を決めましょう。

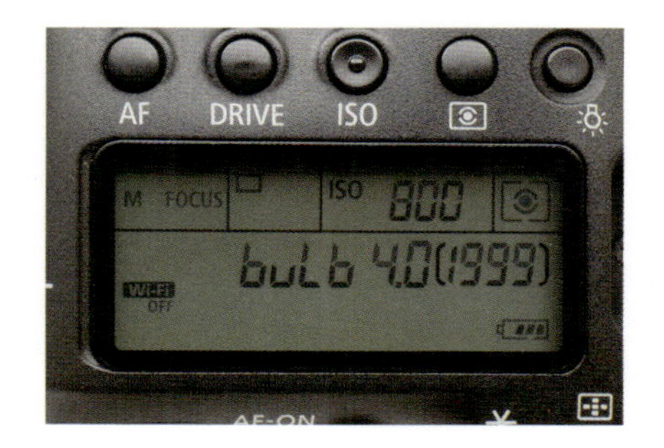

シャッタースピード（露出時間）による写りかたの違い

星空を写すには、数秒から数十秒といった遅いシャッタースピードが必要になります。これは長秒露光ともいわれ、星空写真ではときには数分間シャッターを開くこともあります。

シャッタースピードが遅いほど星空は明るく写りますが、星空と風景を撮る場合は、前景が昼間のように明るくなり過ぎず、夜空の暗い場所では星座や天の川がはっきり写り、背景の夜空が漆黒でなく、うっすらとグレーに写すのが基本です。撮影するシチュエーションによってシャッタースピードは異なりますので、自分の好みに合った星空写真になるよう、いろいろな条件で撮影してみるとよいでしょう。

● **適正露出**　前景や背景の濃度もちょうどよく、対象天体もはっきり写っている。

● **露出不足**　（シャッタースピードが速過ぎる）

● **露出オーバー**　（シャッタースピードが遅過ぎる）

ISO感度による写りかたの違い

星空を写すための設定で、シャッタースピードと同様に大切なのがISO感度です。

ISO感度は撮像センサーの光に対する感度を表わす指標で、値が大きいほど光に対する感度が高くなります。

たとえば、遅いシャッタースピードで撮影してもなお明るさが足らないという場合などにISO感度設定を上げることで、これを補うことができます。

注意しなければならないのは、ISO感度を高く設定すればするほど、写真にざらつきが感じられる、いわゆるノイズの多い写真となってしまうことです。ISO感度はふだんは設定できる最低感度にしておいて、明るさが足らないという場合にISO感度設定を上げて使うようにするとよいでしょう。

● 低ISO感度　ノイズも少なく解像感があり、発色が美しく滑らかな階調の美しい写真が撮影できます。月のクローズアップ撮影。月明かりのある星空や都市灯のある星空といった場面で使用します。

● **中ISO感度** ノイズも多くなく、美しい写真が撮影できる星空写真に最適な設定です。カメラの性能にもよりますが、ISO感度800〜3200程度に設定するのがよいでしょう。

● **高ISO感度** ISO感度6400〜25600といった高感度設定は、ノイズで写真がざらついてしまいますが、淡い天の川や星雲星団を写すときに必要になります。

ノイズリダクション

長秒露光をすると、写真にノイズが目立つようになります。またISO感度を高く設定するにしたがって、ノイズが目立つようになり、写真の先鋭度が下がってしまいます。カメラにはこういったノイズを低減する機能が内蔵されていて、これをノイズ低減やノイズリダクションとよびます。

ノイズリダクションには2つの種類があります。「長秒露光時のノイズリダクション」と、ISO感度を上げるにつれ比例して増えるノイズを低減する「高感度ノイズリダクション」です。

前者はカメラがシャッタースピードと同じ時間をかけて、発生するノイズだけを計測し減算するもので、デメリットとして、シャッタースピードと同じ時間、カメラを操作することができなくなります。後者はノイズは低減できるものの解像感が失われて先鋭度が低下します。

● ノイズリダクションを使用　「長秒露光時のノイズリダクション」と「高感度ノイズリダクション」を「中程度」に設定。

● ノイズリダクションを未使用

長秒露光時のノイズが目立ち、高感度設定時のノイズが目立つ写真になっています。

● 過度なノイズリダクションを使用

写真にノイズは目立ちませんが、高感度設定時のノイズリダクションを強めに設定したため、解像感の低い写真になっています。

絞りによる写りかたの違い

レンズには、絞りという機構が設けられています。この絞りをいっぱいまで開いたときの値が開放F値です。絞り値を可変することで、撮像センサーに入る光の強さを調節します。

星空は暗く、センサーに入る光は大きいほど写しやすいため、F値は開放F値か、そこから1から2段絞った値に設定します。

また絞り値を開放F値から絞ることで、レンズが持つ収差を低減することができ、画質をより求めたい場合には、絞りを少し絞るとよいでしょう。

絞り値は光の強弱の調整のほかにも、写真のピントが合っているように見える距離の範囲を調整する役割があり、これを被写界深度とよんでいます。星空と前景に花畑を入れたような写真では、被写界深度を意識したF値の設定を考えてみるのもよいでしょう。

● **適正なF値**　開放F値1.4のレンズをF2.8に絞った写真。写真の隅まで濃度が均等で、星もほどよくシャープに写っていて、レンズの収差もさほど目立ちません。

● **開放F値**　開放F値1.4のレンズを開放F値で写した写真。暗い星ぼしや淡い天体ははっきり写りましたが、レンズの周辺減光や、写野周辺の星ぼしが収差で歪んで写っています。

● **充分絞り込んだ写真**　開放F値1.4のレンズをF5.6まで絞った写真。写真の隅まで濃度が均等で、個々の星も針で突いたかのようなシャープな点に写っています。絞ったことで光量が少なくなったため、より遅いシャッタースピードが必要になり、ガイド撮影が必要になりました。

ホワイトバランスによる写りかたの違い

　白い紙を白く写す。一見この当たり前のようなことを、正確に行なうための機能がホワイトバランスの調整です。

　色は、日中の太陽光で見たときと、早朝や夕方の赤みがかった太陽で見たときでは違って見えます。それは曇り空はもちろん、室内の蛍光灯や白熱電球でも微妙に違って見えます。これは光源となる光の色温度が異なるからです。色温度はK（ケルビン）で表わされ、その値が低いほど赤みがかり、高いほど青みがかります。

　日中の太陽光はおよそ5500Kで、白い紙が白く写る基準となるものです。たとえば、白熱電球の照明下では白い紙は赤みがかって見えますが、こ

● **ホワイトバランス・太陽光**　街灯の影響で空がくすんで赤みがかっています。蛍光灯の影響か色がやや緑にかぶっているようにも見えます。

れを白く写すには、カメラのホワイトバランスを白熱電球に設定します。

星空写真では背景の空が一般的にグレーになるよう、ホワイトバランスを調整します。街灯のある星空などでは、写真が赤みがかったり、緑色に写ったりすることが多いので、ホワイトバランスは太陽光より低い蛍光灯などに設定します。ホワイトバランスをオートに設定するのもよいでしょう。

月明かりの下の星空写真や薄明にかかった星空写真など、シチュエーションごとに自分のイメージに合ったホワイトバランスに調整することも大切です。

また、ホワイトバランスとともに星空写真のイメージを決めるのがピクチャースタイルです。人の記憶は実際の色よりも鮮やかな色をイメージとして記憶することが多いようです。海や空はより青く、花はより鮮やかな色彩でといった具合で、これは記憶色とよばれるものです。

ホワイトバランスやピクチャースタイルをいろいろ試してみて、自分のイメージに合った星空写真を写してみてください。

ホワイトバランス・オート 夜空の背景がやや青くなりましたが、太陽光の写真にくらべてグレーに近くなり自然な色になりました。撮影後にパソコンでホワイトバランスを調整するのもおすすめです。

忘れ物チェックリストを作ろう

「きれいな星空だね！」と、近ごろ目にしていない満天の星の下で大満足。長時間かけて車を走らせた甲斐があるというものです。

しかしここからが悲劇の始まりです。いざ、星空の写真を撮影しようと撮影の準備を始めてみると、「あ、あれ!?」肝心なものがない！「もしや車の椅子の下に挟まっているのかな？トランクの中かな？」と捜索を始めてみても発見できず、時間が経つばかり。結局、自宅の部屋に置き忘れていた…。

そんなことを誰しもが経験しています。その肝心なものとは、三脚だったり交換レンズだったり、一昔前では冷蔵庫に保管しっぱなしのフィルムなど、ほかのものでは代用できないものばかりです。その夜は満天の星の下、星空観望だけを堪能して、撮影はできず帰宅するハメに…。

こんなことになってしまったら嫌ですよね。幾度も経験している私は、そのようなことのないように、持参品のチェックリストを作っています。それでも忘れてしまうものですから、ワンボックスカーで撮影に出かけていた時期は、後部荷室の後ろ側に棚を作り、収納ボックスに機材をつねに入れておき、丸ごとそのままの状態で、撮影ポイントに出かけていました。今の時代ですと、キャンピングカーで撮影に出かける人も多いようです。

思い当たるものだけでも羅列してみましょう。

カメラ　カメラ○台・交換レンズ○本(○○mm、○○mm、○○mm)・SDカード○枚・バッテリー・予備バッテリー・リモートコントローラー・三脚・ライト(赤色)・スマートフォン

天体望遠鏡関連　鏡筒・ファインダー・望遠鏡架台(赤道儀)・三脚・接眼鏡・カメラアタッチメント・バランスウエイト・バランスウエイト棒・コントローラー・バッテリー・カメラ取付用雲台・双眼鏡

その他　夜食・水・カセットコンロ・鍋・器・箸など

冬の時期　使い捨てカイロ、防寒服、防寒ブーツ、防寒帽子、手袋

夏の時期　虫、蚊などの殺虫スプレー・防虫スプレー・虫さされ薬・蚊取り線香・熊や夜行性動物回避用にラジオ

第2章

星空写真の撮影のきほん

星空を撮影する手順

プロの写真家に匹敵する、素敵な星空の写真を、いつかは自分でも撮影してみたいと思いませんか。

ここでは、まず星空撮影についての基本を紹介しましょう。

撮影場所の選定

星空を写すには、自宅の庭先やベランダでもできないことはありません。しかしながら住宅街は街路灯や防犯灯が邪魔して、もともと持ち合わせている「降るような星空」とは程遠い写真となってしまいます。

ポイントは街路灯がないような暗い場所です。ただし、夜間行動しますから、近所迷惑にならないような場所を選びましょう。郊外の駐車場や広場などは適しています。小高い丘であれば、さらによいでしょう。見晴らしがよければ撮影に適しています。

カメラと三脚のセット

三脚は少々傾斜があっても傾きを調整できますが、三脚を設置する地面が軟弱だったり、芝生などの植物が生えていて三脚が落ち着かないような場所は避けましょう。星空の撮影では長時間露出をするので、三脚が揺らぐことによってカメラブレの原因となってしまいます。地面のしっかりとした安全な場所選びをしましょう。

思いがけない街路灯や庭園灯

夜の状態を確認せず、暗くなってみたら街明かりや眩しいほどの街路灯、それに庭園灯などがあって、撮影を断念しなければいけなくなったら残念です。昼間の明るいうちに、あらかじめ撮影場所の下見をしておくようにしましょう。

カメラの機能をフルに発揮しよう

星空の下では手元が暗くなるので、カメラを三脚から落下させることのないように注意したいものです。明るいうちに三脚にカメラをセットし、撮影の準備をすませておくことを心掛けましょう。

また、実際に星空を撮影する前に、自分の所持するカメラの機能や操作手順をマスターしておきましょう。

季節に合った準備

冬は防寒着を必ず用意し、長時間の撮影に耐えられるようにしましょう。

北斗七星の下方通過

星空の撮影では、じっとした状態になりますから、足元から寒さが身に染みてきます。

夏であれば山間部などの撮影場所には蚊やブヨの対策のために、虫よけや殺虫剤などを用意しましょう。また野生動物などの存在も確かめることです。熊などは夜行性ですし、危険な場所には近付かないことです。安全な場所で撮影してください。

友人や家族で出かける

星空の撮影は夜間に行動するので、無用心かしれません。慣れない場所に出かけての撮影や、見知らぬ人たちとの接触など、注意しなければなりません。きれいな星空の下、喜びを共有する気持ちで、友人や家族と出かけるようにしましょう。

ピントを合わせる

星空の撮影で写真の良し悪しを決めるのがピントです。撮影後にピントを確認してみると「ピントが合っていない！」ということがあります。星にピントを合わせるので、もちろん∞（無限大）ですが、レンズの指標の位置より、少々回り込む場合があります。そのため、かならずライブビュー機能を使って映像を拡大して、ピントを確認します。

ここでしっかりと確認してピントを合わせ、その位置でピントリングが動かないようにテープでとめておきましょう。撮影中にカメラレンズに触ってしまい、ピント位置が狂ってしまうことが起きるからです。

❶ マニュアルフォーカスに

昼間の撮影ではオートフォーカスを使えば簡単にピントが合いますが、天体撮影では被写体がとても暗いので、オートフォーカスはほとんどの場合使えません。そのため天体撮影では、マニュアル操作でピントを合わせます。撮影中にレンズの手ブレ防止機能が動いてしまうと星が点像にならないので、手ブレ防止機能をOFFにします。

❷ ピントを∞に合わせる

マニュアルフォーカスモードにて、あらかじめピントの位置を∞（無限遠）の位置に合わせておきます。

❸ ライブビュー

星空の写真撮影では、カメラのライブビュー機能を使ってピントを合わせるのが基本です。ライブビューにして、画角の中に比較的明るい星を入れ、その星でピントを合わせるようにします。

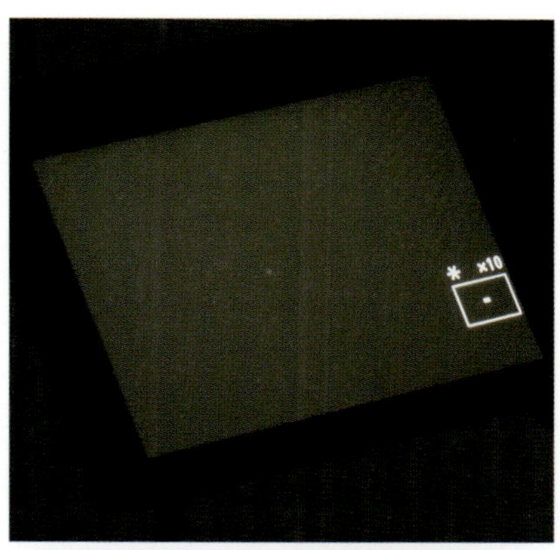

❹ 拡大してピントを確認

なるべく画面中央付近の星を拡大して、フォーカスリングを回して、星像を見ながらピントを合わせます。星像がいちばん小さくなった位置でピントが合っています。明るい星を選んだ場合には、ピントがもっとも合っている位置がわかりにくい場合があるので、少し暗めの星でピントを合わせるのがポイントです。

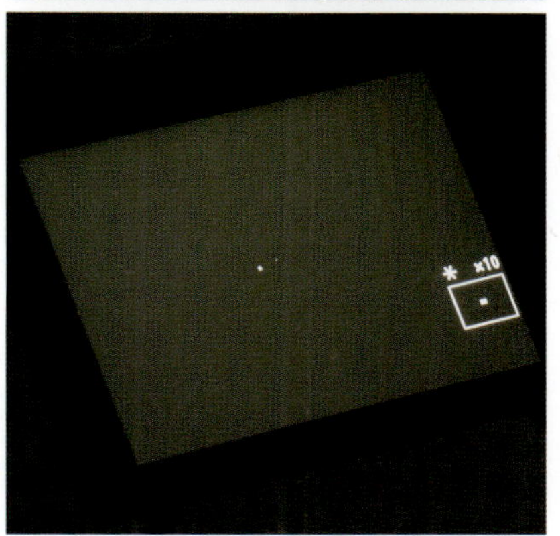

無限遠と見なせる距離

焦点距離	距離
14mm　F2.8	約3.5m
16mm　F2.8	約4.5m
24mm　F1.4	約21m
35mm　F1.4	約44m
50mm　F1.4	約89m
50mm　F1.8	約69m
135mm　F2.8	約325m
200mm　F2.8	約714m
300mm　F2.8	約1.6km

（許容錯乱円を0.02mmとした場合）

より正確にピントを合わせたい場合や、カメラのモニターの星が見えにくい場合には、カメラの液晶モニター用のルーペを使うと便利です。

ピントを合わせるうえでの注意

ピントが合っていない、つまりピンボケ状態の星空写真をときどき見かけます。私も星の写真を撮り始めたころは、実際ピンボケの写真が数多くありました。

たとえば、大きな彗星が来たときや皆既日食など、ほんのわずかな撮影チャンスしかない天文現象では、ミスが起こりがちです。実際このようなときにピンボケ写真を撮ってしまうと、落ち込んでしまいます。

そんなことにならないように、愛用のカメラを常日ごろから操作をして、機能をマスターしておきましょう。

実際の星空撮影では暗闇ですから、操作が手探り状態になるので、ふだんからの慣れが必要です。

また、レンズを交換した際、ズームをきかせた場合など、その都度ピント合わせが必要です。

なお、ピント合わせの際には必ずライブビュー機能を使いましょう。これから撮影しようとする画角の中の比較的明るい星でピントを合わせます。こ

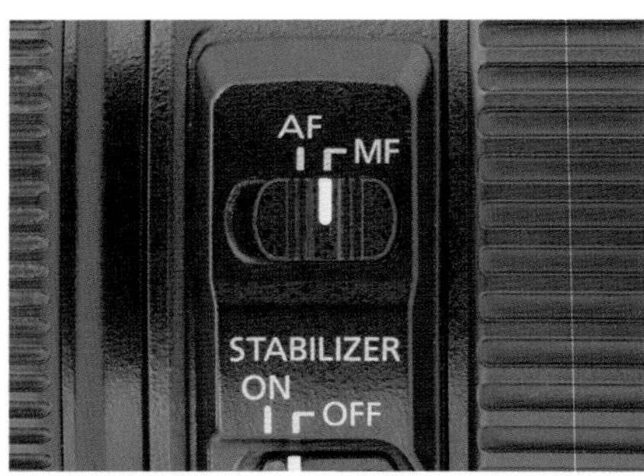

メーカーやレンズによって、マニュアルフォーカスへの切り替え方法もいろいろあります。(左上)キヤノンはレンズ側に切り替えスイッチがあります。(右上)ニコンはボディ側のレンズマウント部にスイッチがあります(左下)オリンパスのレンズには、レンズのリングをクリックして切り替えるタイプもあります。

液晶モニタールーペは、視力が衰え、ピント合わせに自信がない人におすすめです。これがあるとピント合わせが楽になります。

カメラに付属するコントロールソフトを使い、パソコンからピント合わせを含め、撮影時にカメラの制御をするのもいいでしょう。

の際、あまりにも明るい星ですと、ピントがもっとも合っている状態(星像が小さくシャープな点像になる)をつかみにくいので、ほどよい明るさの星を使います。さらに、ルーペで拡大すれば申し分ありません。できたらピントリングが動かないようにテープでとめておきましょう。

撮影時にはレンズのピントリングが動かないようにテープでとめますが、できればズームリングもテープでとめておくとよいでしょう。

構図の決めかた

星空の撮影は、風景を入れて撮影する場合と、星空のみを撮影する場合があります。風景と一緒に撮影する場合、星空の構図は一眼レフカメラの場合、ファインダーをのぞいて、地上の風景を確認しつつ、構図を微調整することができます。町明かりなどがあるようなところではファインダー越しで確認できます。ただし真っ暗な撮影ポイントでは、ファインダーではわかりにくくなります。

周りが暗い場合や、撮影対象が星だけの撮影の場合は、少しむずかしくなります。構図の中に明るい星があれば、構図も決めやすいのですが、運よく明るい星があるとは限りません。明るい星がない場合には、極端に見えづらいです。そのような場合には、見当をつけて星空を撮影し、モニターで再生した画像を見ながら構図を調整します。

水平が正しく取れている

水平が取れず傾いている構図

デジタルカメラの場合は、撮影直後に画像をすぐに確認できるので、チェックを入念に行ないつつ、撮影をしましょう。

固定撮影の醍醐味は、地上の風景を画角に写し込むことによって臨場感を出せることです。構図によって、作品のイメージががらりと変わります。星空写真の構図は、縦構図でも横構図でも、基本は星空と地上の比率を8：2程度にします。あとは、地上の景色を強調したいのであれば、地上の比率を増やします。

冬、落葉樹のカラマツなどを入れてシルエットにした場合、星の光跡は手前の木々に遮られ、思いがけず叙情的な写真となります。ときには木々を全体の視野の中にドーンと入れてみたり、視野の隅に入れるなど、工夫をするとおもしろい作品になります。

このように何かアクセントになるような構造物や木々を配置することで、思いがけない効果を与えてくれます。街明かりに浮かぶ建造物など、積極的に活用しましょう。

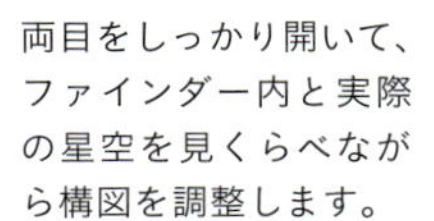

両目をしっかり開いて、ファインダー内と実際の星空を見くらべながら構図を調整します。

両目でモニターを見たあと目線をいったん外し、実際の星空と見くらべます。

三脚の設置とカメラの水平・垂直

風景を入れた星空の写真で、風景が斜めに写っていたら台無しです。三脚の設置はしっかりと行ないましょう。

まず三脚を設置する場所ですが、なるべく平らで堅い地面を選びましょう。できればアスファルトやコンクリートの上がよいのですが、どうしても草や土の上に三脚を設置する必要がある場合は、三脚の足が草の上や浮石の上に乗って不安定にならないように注意して設置場所を選びます。地面が柔らかい場合にはスパイク付きの石突を使うのもよいでしょう。

地面が傾いている場合には三脚の脚の長さを調節して、三脚がまっすぐ立つようにします。くれぐれも傾いたま

1

撮影しやすい高さまで三脚を伸ばします。三脚は伸ばせば伸ばすだけ重心が上がり不安定になるので、必要最低限の高さにします。

2

撮影場所に三脚の脚をしっかり開いて置きます。このときに三脚を軽く地面に押しつけ、しっかり脚が固定できているかを確認しましょう。

まの状態で使わないでください。カメラを乗せた三脚は重心が高いので、簡単に倒れてしまいます。

三脚の設置とともにもう一つ大事なのは、カメラの水平出しです。星を撮影する天体写真では、ほとんどの場合、明かりのない暗い場所で、しかも星という暗い被写体を撮影するので、カメラの構図を決める際にしっかり水平をとるのは困難です。このようなときは、水準器を使用して水平を出しましょう。

また、水準器が内蔵されているカメラの場合、カメラ内蔵の水準器を使ってもいいのですが、超広角レンズや魚眼レンズを使う場合など、カメラが極端に上を向くと水平がどのあたりかわかりにくくなってしまう機種も多いので、そのような場合には昔ながらの気泡管を使った水準器を使うとよいでしょう。

カメラに内蔵された水準器を使い、モニターを見ながら水平を合わせるのが便利です。機種によっては、ファインダー内に水準器を表示できるものもあります。

頭上高く見上げるような撮影の場合は、カメラ内蔵の水準器では水平がわかりにくくなります。このような場合は、気泡管を使った水準器を使います。

スマートフォンで撮る

スマートフォンのカメラはどんどん進歩し、月などの天体を含めた星空を、うつくしく撮れるようになってきました。星空の撮影の際には、まず自分のスマートフォンのカメラが、どんな機能を持っているか確認しておきましょう。さらに、星空撮影に向いているアプリを使えば、撮影の自由度が増え、より星空をきれいに写すことができます。

星空の撮影では、露出時間が長くなるため、撮影時には三脚を使います。ところがスマートフォンには、三脚の取付けネジ穴はありませんので、スマートフォン用三脚アダプターを使い、三脚に固定します。

シャッターを切る際は、カメラブレをなくすためにリモコンやスマートフォン用のレリーズを使います。これらのパーツは100円ショップなどでも安価に販売されています。これらがない場合には、セルフタイマー機能を使って、ぶれずに、シャッターを切ることができます。

撮影時のカメラの設定は、1.マニュアルモード　2.マニュアルフォーカスにしてピントは無限遠　3.ISO感度を高めに設定　4.絞りは開放F値　5.露出時を長く。これらをもとに設定を調整しながら撮影をします。

自由雲台にスマートフォン用アダプターを取り付けます。安価なものも各種販売されていて、かなり大判のものまで取り付け可能です。

スマートフォンアダプターにスマートフォンを取り付けます。取り付け部分がスマートフォンのスイッチやカメラにかからないように。

スマートフォンのカメラを起動して、撮影の準備をします。スマートフォンの画面は少し暗めに設定しておくとよいでしょう。

カメラの撮影モードを、露出などを自由に設定できるマニュアル（M）モードにします。

マニュアルフォーカスを選んで、ピントを無限遠に設定します。

シャッタースピードを長め（30秒など）に設定します。

感度設定を最高感度（3200）に設定し、ホワイトバランスは太陽光に設定します

準備ができたら、構図を決めて、試し撮りをしてみましょう。露出を調整したら、撮影をスタートします。

夕暮れの月をスマートフォンで、
ぶれないように固定して撮影。

コンパクトデジタルカメラで撮る

コンパクトデジタルカメラは小型のイメージセンサーと、レンズと一体化したカメラボディで、その名のとおりコンパクトなカメラです。

コンパクトデジタルカメラには、ビューファインダーがなく、撮影時の構図合わせや撮影画像の確認は、背面の液晶モニターに写し出された映像を見ながら決めます。

イメージセンサーのサイズはフルサイズから1/2.3型までと幅広く、また搭載する機能にそれぞれ特徴を持たせたカメラが多くあります。すべての機種で星空の撮影ができるわけではありませんが、夜景モードが搭載されているカメラであれば、星空の撮影ができます。また、星空モード、星空タイムラプスモードなど、星空撮影に適した撮影モードを搭載した機種もいくつかあり、星空撮影が手軽にできます。

また、4K動画も撮影できる機種も増え、さまざまな撮影モードを活用して、デジタル一眼レフカメラがなくても、星空を手軽に撮影し楽しむことができます。

コンパクトデジタルカメラを自由雲台に取り付けます。ストラップなどは邪魔になりそうなら取り外しましょう。

カメラの設定を、マニュアル（M）モードにします。星空撮影モードがある機種ならば、そちらでも構いません。

絞り（F価）を開放にし、シャッタースピードを設定します。

ピントを無限遠に設定します。

構図を決めます。決めたら自由雲台のクランプをしっかり締めて、カメラが動かないように固定しましょう。

ライブビューでピントを合わせます。

リモートスイッチやリモコンがない場合は、セルフタイマーを設定します。

準備ができたら、試し撮りをして、露出を調整しましょう。調整したら撮影をスタートします。

皆既月食中の月を超望遠レンズ付のコンパクトデジタルカメラで撮影。

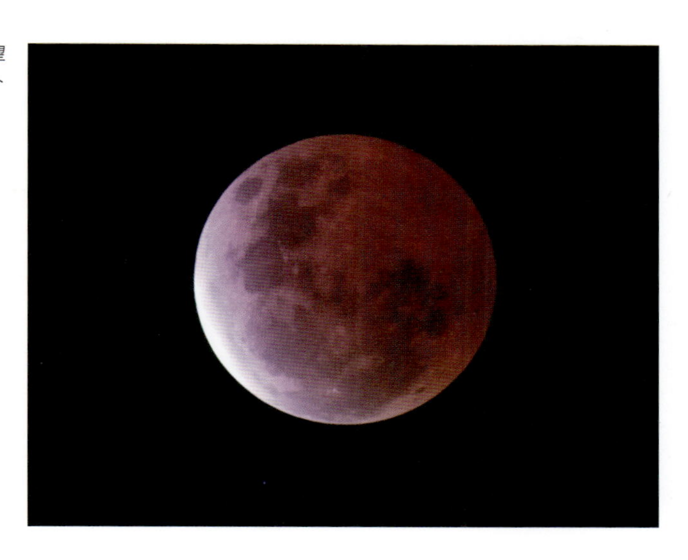

コンパクトデジタルカメラで撮影し、比較明合成した星の軌跡。

一眼レフカメラ・ミラーレスカメラで撮る

星空を撮影するカメラとして、デジタル一眼レフカメラやミラーレスカメラは、とくにおすすめのカメラです。

一眼レフカメラの「レフ」はレフレックスの略で、カメラボディ内に鏡とプリズムを配し、レンズから取り込んだ光を鏡とプリズムに反射させ、光学ファインダーで像を確認して撮影するタイプのカメラです。背面に液晶モニターがあり、ライブビューモードで画像確認することもできます。

ミラーレスカメラは、カメラボディ内にミラーがなく、撮影する画像の確認は液晶ビューファインダー、あるいは背面の液晶モニターを使います。鏡とプリズムを持たないため、ボディが薄型・軽量です。とくにミラーレスカメラは、充実した撮影機能を搭載する機能が多くなり、これから星空撮影に挑戦する人にはぴったりです。

これらのカメラには、頭上に広がる星空全天を写せる魚眼レンズから、星雲・星団を撮影できる超望遠レンズまでの交換レンズやアクセサリー類が豊富にそろっていて便利です。

また、ISOの感度も1万を超える超高感度で星空の撮影ができる機種も増え、静止画・動画問わず動きのある現象の流星群やオーロラの撮影も楽しめるようになりました。

カメラを自由雲台に取り付けます。クイックシュータイプだと取り外しが容易です。

クイックシューをしっかりとロックします。

カメラの設定を、マニュアル(M)モードにします。

マニュアルフォーカスに設定して、手ブレ防止機能が付いていればオフにします。

ファインダーをのぞいて、おおよその構図を決めます。

画角が決まったら、ズームリングが動かないようテープで固定します。

ライブビューでピントを合わせます。

ピント合わせの際、ルーペを使うと、より正確に合わせられます。

撮影中にピントの位置が動かないように、ピントリングをテープで固定します。

念のため、水準器を使って水平を確認します。

撮影前に、リモートスイッチを取り付けます。

準備ができたら、試し撮りをして、露出や画角を調整します。調整できたら、撮影をスタートします。

ヤシの木々とケンタウルス座のα星、β星と南十字座をフルサイズカメラで固定撮影

星の村天文台とオリオン座をAPSサイズカメラで撮影し比較明合成

南半球の星空を超広角レンズを使いガイド撮影

公共天文台の望遠鏡でコリメート撮影

ほとんどの人が持っているスマートフォンやコンパクトデジタルカメラ。これらのカメラを使って、月面の拡大写真や木星、土星の写真を写すことができます。

各地の公共天文台では、夜間観望会を常時あるいは定期的に開催しています。私が勤務する福島県田村市の「星の村天文台」でも毎週土曜日に夜間公開があり、65cm反射望遠鏡を使って、惑星や星雲・星団を観望しています。その折、土星や木星のように明るい惑星であれば、混んでいない限り、スマートフォンやコンパクトデジタルカメラで月面や惑星を撮影することができます。大口径の望遠鏡で天体をのぞいたときの迫力は、小さな望遠鏡にくらべ、格段にすばらしいものです。

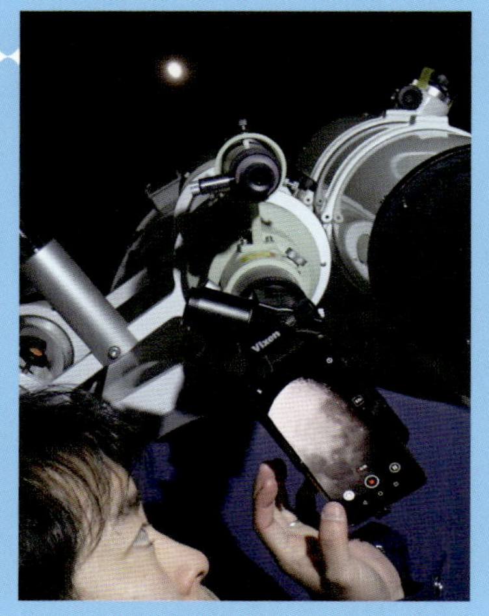

手軽にすごい写真が写せます。

なお、すべての天文台で撮影ができるわけではありませんので、あらかじめ撮影ができるのかどうかは確認しておきましょう。

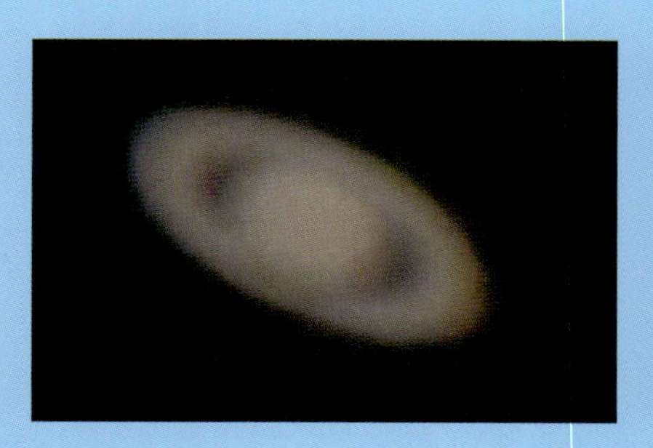
土星

木星

第3章

星空写真を写してみよう

星の動きかた

「星」というと、夜空に輝く星座をかたどる星ぼしや惑星を想像するかもしれません。しかし忘れてはいけないものが、太陽と月です。地球は地軸を中心として自転しているため、これらの星は東から西へと空を移動していくように見えます。これを「日周運動」といいます。星空の撮影では、この動きを理解することが必要です。右ページには、北半球においてのそれぞれの方角の空の星の動き方を示しました。

この日周運動による天体の動きを理解するには、天球と天体の位置を示す赤道座標について知っておくと便利です。天球は地心（地球重心）あるいは測心（観測地）から無限大の距離にある仮想球に天体をマッピング（射影）したもので、太陽や月、惑星、恒星などの位置を球面座標系で表わすことができるようにしたものです。下に示したのが、天球の概念と赤道座標、黄道の図です。

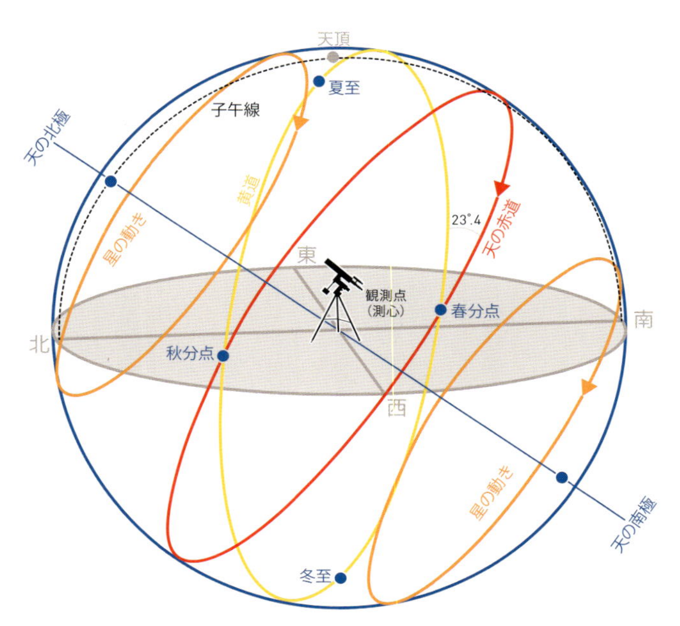

天球の概念と赤道座標、黄道

天体の位置は、地球の北極・南極を投影した天の北極・南極、地球の赤道を投影した天の赤道を基準とした、赤道座標で表わします。

北の空

北極星をほぼ中心に、反時計回りに回転しています。

東の空

地平線から昇ってきた星が、右上へ動いていきます。

西の空

地平線へと沈んでいく星が、右下へ動いていきます。

南の空

地面と平行に、地平線に近いほど弧を描いて左から右へ動きます。

固定撮影とガイド撮影

星空の撮影は、大きく「固定撮影」と「ガイド撮影」に分けられます。

固定撮影は基本的に、カメラ三脚に雲台を取り付け、カメラを載せれば撮れる、基本的な撮影方法です。印象的な風景とともに星空を写したいとき、まず試してみてほしいのが固定撮影です。日周運動により、カメラを固定する固定撮影では星が流れて写りますが(p81参照)、風景はそのままはっきりと映るので、印象的な風景写真を撮ることができます。ただし、風で木が揺れたり水が流れたりしているようなところは、ぶれた状態で写ります。

ガイド撮影では、固定撮影の機材に加えて、星の動きを追尾する赤道儀が必要になります。星の動きに合わせてカメラが動いていくので、星をはっきりと点像で明るく写すことができ、星雲などの淡い天体もとらえることができます。ただし、風景が入った構図の場合は、風景はぶれて写ります。

どのような星空の写真を撮りたいかで、固定撮影が向いているのか、ガイド撮影が向いているのかは変わってきます。

固定撮影のセッティング(左)とガイド撮影のセッティング(右)

固定撮影で撮影したオリオン座

ガイド撮影で撮影したオリオン座

星空の固定撮影

固定撮影で星を点像で写すには

地球は自転しているので、固定撮影で星を写すと、星は流れて写ります。見上げる空の星は、1時間で約15′、1秒間で約15″動いて見えます。固定撮影ではこの星の動きを、露出している時間ぶんだけ記録できることになりますが、星を目で見たままの点像で写したいという人も多いでしょう。そのためには、赤道儀を使って星の動きを追尾して写す「ガイド撮影」が最適ですが、固定撮影でも星が動いて写ってしまう前にシャッターを閉じれば、完全にではありませんが星を点像のイメージで写すことは可能です。近年はカメラの性能も向上し、高感度で短い露出で撮影することで、固定撮影でも目で見たような星空の写真を写すことが可能になってきました。

下の表は、星を点像で写すことができる限界露出時間です。レンズの焦点距離が長くなるほど星の動きは拡大されるので、露出時間を短くする必要があります。なお、カメラのスペックや写す領域によっても変わってくるので、自分のカメラでいろいろ試してみてください。

星を点像に写すためのおよその限界露出時間

レンズの焦点距離	赤緯				
	0°	20°	40°	60°	80°
14mm	16秒	17秒	24秒	32秒	96秒
20mm	11秒	12秒	17秒	22秒	67秒
24mm	9秒	10秒	14秒	18秒	56秒
28mm	8秒	9秒	12秒	16秒	48秒
35mm	6秒	6秒	10秒	12秒	38秒
50mm	4秒	4秒	7秒	8秒	27秒
85mm	3秒	3秒	4秒	6秒	16秒
135mm	2秒	2秒	3秒	4秒	10秒
200mm	1秒	1秒	2秒	2秒	7秒

※イメージセンサーの中央で、星の移動量が16μmに達する時間

ロケーション選び

星空の写真を写すとき重要なのが、ロケーション選びです。初めての場所へ行く場合はとくに、明るいうちに撮影場所のロケーション選びをしておきましょう。現地に行ってみたらイメージと違ったり、撮りたい方角が遮られていたり電線があったりなど、想定外のことが起こり得ます。

美しい星空を撮りたいなら、街からできるだけ離れる、標高の高いところに行くのがよいでしょう。山や高原、またはその入り口の駐車場や展望台などです。ほかにペンションやキャンプ場、海などもおすすめです。

遠くまで行けなくても、ちょっと郊外の公園など、日ごろからロケーション探しをしておくとよいでしょう。

山や木々のシルエットの良さも、ロケーション選びのポイントです。

視界の広い場所に特徴的な木が1本立っているのも良いモチーフとなります。

ヒマラヤの高地が星ぼ
しを見下ろすような感
覚を味わいました。

台湾の山岳地帯で、澄
んだ空気の中、鮮やか
なグラデーションととも
に月が輝いていました。

アイスランドの海岸は、
まるで無音の世界に飛
び込んだように穏やか
でした。

星の軌跡を表現する
比較明合成

日周運動による星の軌跡を撮影した星空写真は、非日常感があって楽しいものです。でも街灯のある明るい夜空の中や、月明かりの下では、星の軌跡が弧を描くような長時間の露出をした写真を撮ることはできません。

そこで生まれたのが、短い露出の写真を連続してたくさん撮影して、あとで撮影したすべての画像を合成して、長時間かけて撮影したような星の軌跡の写真を実現する方法です。

この方法は比較明合成とよばれています。比較明合成とは、複数の画像を合成するとき、それぞれの画像で同位置のピクセル(画素)を比較し、明るい方を合成先画像のピクセルとして採用する合成方法です。写野を固定して連続撮影した写真を比較明合成することで、前景をそのままに月や星の長時間にわたる日周運動の軌跡を描き出したり、拡大して連続撮影した太陽や月の経過写真を1つの画像に合成することができ、日食や月食の連続写真の作成にもよく利用されています。

最近のカメラでは、一定間隔で連続撮影した写真を、カメラが自動で比較明合成してくれるものもあり、ポピュラーな撮影方法になってきています。このページでは作例をもとに、その撮影方法を紹介します。

まず初めに、カメラを三脚のカメラ雲台にしっかり固定し、構図を決めます。カメラの撮影モードをM(マニュアル)に設定し、絞り値、シャッタースピード、ISO感度、ホワイトバランスなどの撮影条件を決め、試し撮りを行ないましょう。シャッタースピードは前景となる風景や夜空の明るさに合うよう設定します。この設定は撮影が終わるまで変更しないようにします。

次に、撮影間隔(インターバル時間)と、総撮影時間または総撮影枚数を決めます。たとえばシャッタースピードを15秒に設定した場合、およそ60分間(3600秒)の星の軌跡を撮りたいなら、撮影枚数は240枚(360秒÷15秒)。同様に、240枚の写真を連続撮影して得られる星の軌跡は60分間(15秒×240

枚=3600秒)分の星の軌跡となります。

カメラにインターバル撮影の機能が備わっている場合は、インターバルの時間と総撮影時間または総撮影枚数を設定します。インターバル時間はシャッタースピードに2秒ほどを加えた値を設定します。この時間は、長過ぎると星の軌跡がうまくつながらず、破線のようになってしまうことがありますので、なるべく短い時間を設定します。ただこの時間が短過ぎると連続撮影に失敗することもありますので、自分のカメラに合った値をいろいろ試して設定するようにしましょう。カメラによっては、インターバル時間をシャッタースピードに最適な時間を加えた値に自動で設定してくれるものもあります。

カメラにインターバル撮影の機能がない場合は、タイマーリモートコントローラーや、スマートフォンのカメラアプリ(インターバル撮影機能があるもの)などを使って撮影します。

カメラを連写モードに設定して、リモートスイッチを使って連写撮影することもできますので、自分のカメラに合った撮影方法を調べてみてください。

インターバル撮影機能のあるカメラの例「RICHO GRⅢ」

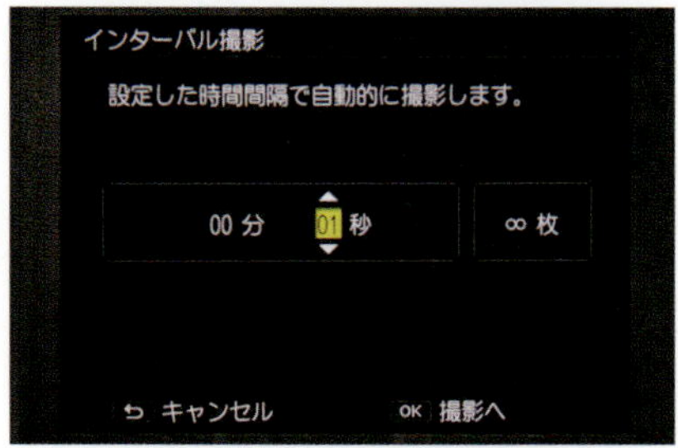

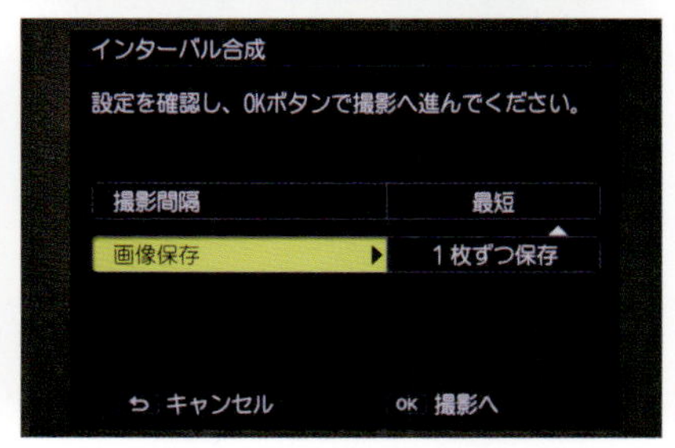

メニュー画面はRICHO GRⅡでのインターバル撮影機能操作画面

● 塩湖と南十字星の軌跡(アカタマ高地)

日周運動を24mmF14(F10)_ISO100_の設定で10分露出(1コマでの撮影)

カメラ内に、インターバル撮影後にそれらの写真を自動で比較明合成してくれる機能があるカメラは、それを利用すると簡単に撮影できます。

比較明合成機能がカメラに備わっていない場合は、インターバル撮影したすべての画像を、パソコンやスマートフォンなどに取り込んで、すべての画像を比較明合成することで、星の軌跡を撮影した星空写真が完成します。

多数の画像を簡単に比較明合成できる「SiriusComp」(http://phaku.net/siriuscomp/)や「KikuchiMagick」(http://kikulab.blogspot.jp/p/kikuchimagick.html)といったフリーソフトを使うのもよいですし、Photoshopなどの本格的な画像処理ソフトを使うのもよいでしょう。

(右ページ)短時間露出の画像を連続して撮影した画像を使って、比較明合成やタイムラプス映像を作ることができます。固定撮影では、撮影した短時間露出の画像を1枚に比較明合成することで、作例のような長時間露出をした画像に仕上がります。また、カメラを赤道儀に載せて撮影した画像では、すべての画像を合成する必要はなく、よく撮れている画像を選んでコンポジット処理などを行ない、よりクオリティの高い画像を得ることができます。また、固定撮影、ガイド撮影とも、得られた画像をつないで動画のように見せるタイムラプス映像を得ることができます。

●比較明合成 15秒露出画像×23コマを合成

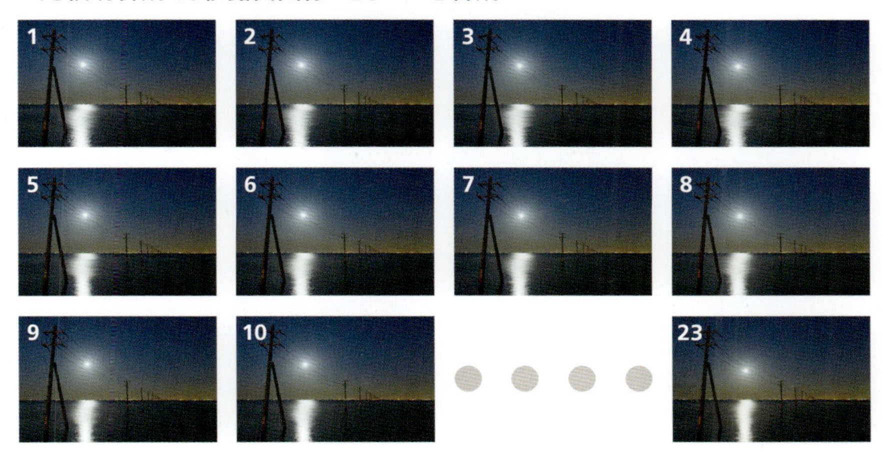

合成

● 冬の大三角とカノープスの軌跡（露出条件を決めた最初の写真）

比較明合成による星の軌跡の星空写真を撮るために、試し撮りして、露出条件を決めた写真（シャッター・スピード20秒、ISO1600、F2.8）。インターバル撮影はすべてこの同じ露出条件で撮影します。

●（比較明合成した写真）

インターバル時間は最短、総撮影枚数140枚、総撮影時間70分でインターバル撮影した画像を、カメラ内の比較明合成機能で作成した写真。

星空のタイムラプス撮影

時間を早回ししたかのように星や雲が流れるように変化するインパクトあふれる映像を、ネイチャードキュメンタリー番組などでよく見かけます。これは一定の時間間隔で連続撮影した多くの静止画から動画を作成したもので、タイムラプス動画とよばれているものです。ゆっくりとした星の動きをダイナミックに見せる星空のタイムラプス映像は人気のジャンルになっています。ぜひ星空のタイムラプス映像を写してみてください。

タイムラプス撮影といっても、特別なものは何も必要なく、基本はP.90で紹介した星空のインターバル撮影と同じで、カメラを固定したまま一定の時間間隔で連続撮影を行なうことで、タイムラプス映像の素材となる連続写真を得ることができます。

タイムラプス撮影時のカメラの設定は、マニュアル撮影が基本です。天の川銀河を写せるような暗い夜空では、ISO感度はカメラの持つ最大常用ISO感度ほどに、カメラレンズの絞り値は開放絞りとします。F1.4などの開放F値を持つ明るいレンズは、画質向上のために1〜2絞り程度絞って使ってもよいですが、F2.8より暗いレンズでは絞り開放で充分です。

ISO感度やレンズの絞り値、シャッタースピードなどは、インターバル撮影中に設定が変わってしまうと、動画にした際にちらつきが発生して見苦しくなってしまうので、オートは避けて固定値にします。ホワイトバランスも同様で、事前にテスト撮影して好みの固定値に設定しましょう。

星空のタイムラプス撮影で大切なのは、シャッタースピードとインターバル時間のとり方です。シャッタースピードは日周運動で星が線状に流れてしまわないよう、使用するレンズの焦点距離に合わせた許容時間内に設定します。

インターバル時間は、比較明合成で紹介したように、シャッター速度にタイムラグ(シャッターチャージや画像転送にかかる時間で、通常2秒ほど)を足した値に設定します。インターバル時間を設定せずに、カメラを連写モードに設定して、リモートスイッチなどを使ってシャッターを切り続けることでも撮影できます。どちらにしても撮影中にバッファフルとなってしまわないような、自分のカメラでの最適値を事前に調べておくとよいでしょう。

一般的なテレビ放送などでは、映像は1秒間に30フレームの静止画から成り立っています。これを基準にタイムラプス映像を作成することを考えると、インターバル時間を10秒とした場合は300倍速の、30秒とした場合は900倍速のタイムラプス映像ができあがります。

インターバル撮影をどのくらいの時間続けるとよいかを考えてみましょう。たとえば15秒間の映像を作るのには450コマの静止画が必要となります。インターバル時間を10秒で撮影するときには、15秒間の映像を作るのに25分以上の総撮影時間が必要ですし、30秒なら75分以上の総撮影時間が必要となります。

タイムラプスの撮影では、このように長時間の連続撮影が必要になります。撮影中にメモリカードが一杯になってしまったり、バッテリーが切れてしまうとそれまでの撮影が台無しになってしまいます。多くの画像を保存することができるよう、容量に余裕のある大容量なメモリカードを用意するようにしましょう。連続撮影中にバッファフルとなってしまうと、撮影が中断されてしまうこともありますので、メモリカードの最大書込速度がなるべく速いものを選ぶことも大切です。

またタイムラプス撮影では、必ず予備バッテリーを用意するようにしましょう。インターバル撮影を途切れさせないためにも、バッテリーを複数装着することができるバッテリーグリッ

ビクセンの赤道儀ポラリエにタイムラプスアダプターを取り付け、カメラ三脚に載せ、インターバル撮影機能付のカメラでタイムラプス撮影の様子。

プを利用したり、AC電源やモバイルバッテリーから電源供給できる外部電源アダプターなどを利用するのもよいでしょう。

カメラレンズへの結露防止対策も重要になります。結露防止用のヒーターなどを使って、カメラレンズを外気温よりわずかに温め、結露しないように注意します。ヒーターやカイロは、マジックテープなどを使ったバンドでカメラレンズに巻き付けるように取り付けるとよいでしょう。

また最近のカメラの中には、カメラの機能の一つとして、インターバル撮影機能を持ったものもあります。スマートフォンなどをWi-Fiなどで無線LAN接続してリモート操作やインターバル撮影できるアプリもありますので、カメラを選ぶとき、あるいは自分の持っているカメラにこの機能があるかチェックしてみてください。インターバル撮影した連続写真から、カメラが自動的にタイムラプス動画を作成してくれる機能を持ったカメラも発売されています。

タイムラプス映像の作成は、カメラからパソコンに静止画を取り込んで、それらを素材に動画を作成するという形が基本となります。Adobe Premiere Elementsなどの連続した写真から動画を作成できる、動画編集ソフトを用意しましょう。手軽にタイムラプス映像を作成してみたいという人は、インターネットから入手できるフリーソフトなどを上手に組み合わせて利用することもできます。有用なオンラインソフトウェアやアプリが多くありますので、自分好みのものを探してみてください。できあがったタイムラプス映像をSNSや動画投稿サイトに投稿するのも、楽しみの一つです。

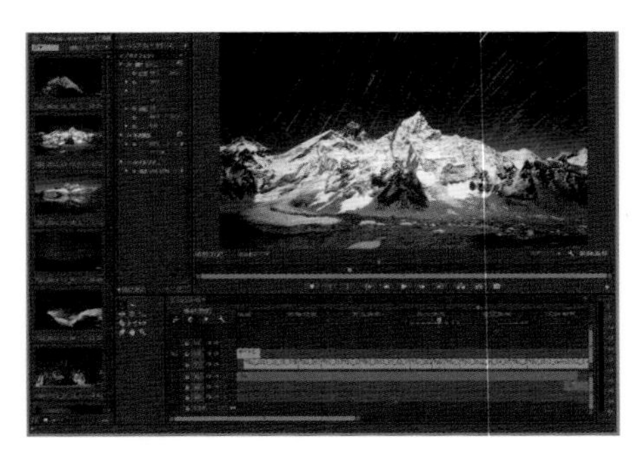

動画編集ソフト「Adobe Premiere Elements」を使ったタイムラプス画像の作成の様子。

昇る夏の天の川銀河と月、金星

春先の明け方の海岸から昇る天の川と月、金星が接近して輝く様子を、コンパクトデジタルカメラで連続撮影し、タイムラプス動画を作成したものです。
21mmF2.8レンズ、シャッタースピード30秒、ISO3200、F2.8、インターバル時間は31秒、総撮影枚数330枚、総撮影時間170分。以上の連続写真から30fps11秒のタイムラプス動画を作成。

● **薄明の空に輝くパンスターズ彗星**

488mm F3.9 天体望遠鏡、デジタル一眼レフカメラ、ISO1600、露出5秒、インターバル時間7秒、総撮影時間10分。

●天の南極の日周運動

タイムラプスにカメラワーク（水平方向にパン）を取り入れた例です。大小マゼラン銀河や南十字など、天の南極付近の日周運動を、夜半から日の出にかけてデジタル一眼レフカメラでタイムラプス撮影したものです。
14mmF2.8レンズ、シャッタースピード20秒、ISO6400、F2.8、インターバル時間は22秒、総撮影枚数800枚、総撮影時間300分。以上の連続写真から30fps26秒のタイムラプス動画を作成。

星空のガイド撮影

星をくっきり点像で写したいときには、ガイド撮影を行ないます。ガイド撮影では、星の動きを追尾する架台の赤道儀にカメラを載せて撮影します。そして星空のガイド撮影の際、撮影前に必ずしなければいけない作業が、赤道儀の極軸合わせです。これは赤道儀の極軸を、天の北極（北半球）や天の南極（南半球）に合わせることです。この作業をおろそかにすると、赤道儀が星をきちんと追尾せず、星をしっかり点像に写すことがむずかしくなります。

星空撮影用のコンパクトな赤道儀には極軸望遠鏡がありませんが、「北極星」を見るのぞき窓があり、極軸を合わせることができます。広角レンズを用いた撮影では、極軸望遠鏡がなくても充分追尾できます。また、望遠レンズを使う場合など、より正確に極軸を合わせたい場合には、極軸望遠鏡を使います。

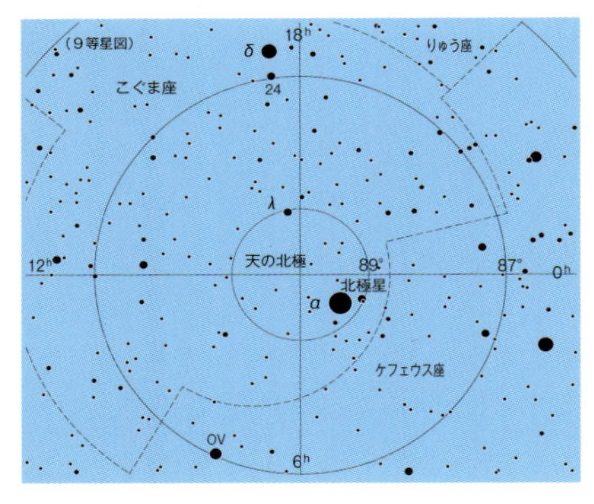

● **天の北極（星図）**

赤道儀の極軸調整はより正確に行なうには、精密に極軸を合わせる必要があります。

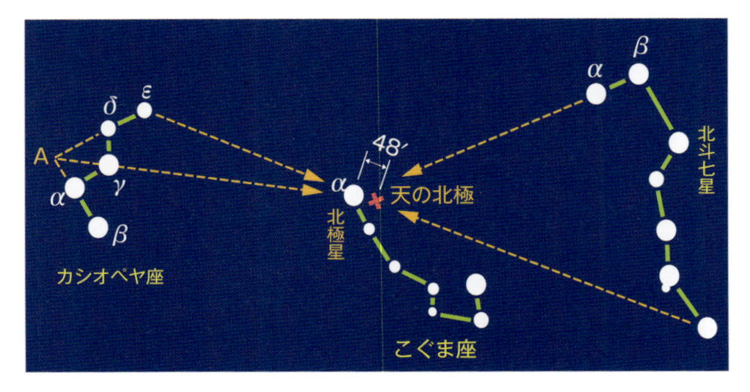

● **北極星の見つけ方**

天の北極近くに輝く北極星は、天の北極を知るためのよい目安になります。都市部でも見つけやすい北斗七星やカシオペヤからたどるとよいでしょう。

まず三脚を設置します。自分の身丈に合わせて三脚の足を伸縮させ、地面に対してざっくりと水平になるように調整します。

極軸微動雲台を取り付けます。カメラ取り付けネジに雲台を止まるまで回転させて、取り付けます。

クイック取り付けコマをあらかじめポラリエの下部に取り付けます。マイナスドライバーなどで固定し溝に入れ、しっかりと固定します。

極軸望遠鏡を後部から差し込むので、雲台ベースを取り外します。この部品は再度取り付けますので、身近なところに置いておきます。

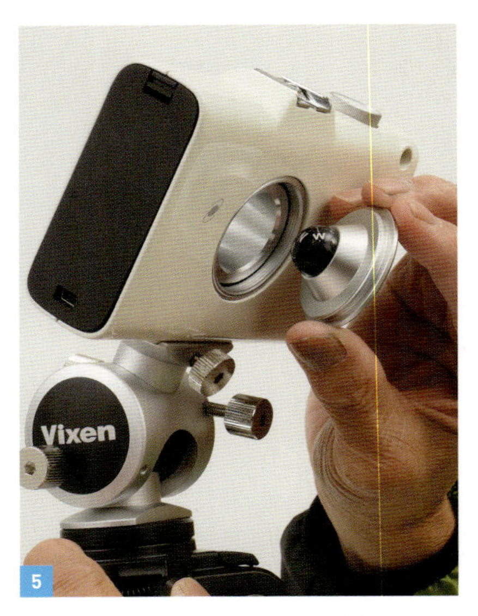

本体後部の裏ブタはネジ込み式で内側にはコンパスが組み込んでありますから、ポトンと落とさないように片手を添えて回転しましょう。

ポーラーメーターを本体のアクセサリーシューに取り付けます。ここには水準器もありますから、三脚を伸縮して水平をとります。

ポーラーメーターを上部からのぞき込んだ様子。地軸と北磁極には差があります。関東近辺では真北から約7度、針が西を指しますので、調整します。

極軸望遠鏡を取り付けます。取り付けたときのクランプはとくになく、落ちてしまいそうですが、しっかりと組み込まれています。

極軸望遠鏡の目盛の中の北極星の位置に北極星が来るよう、極軸微動雲台の上下と水平微動を動かし調整します。ここでは上下調整中。

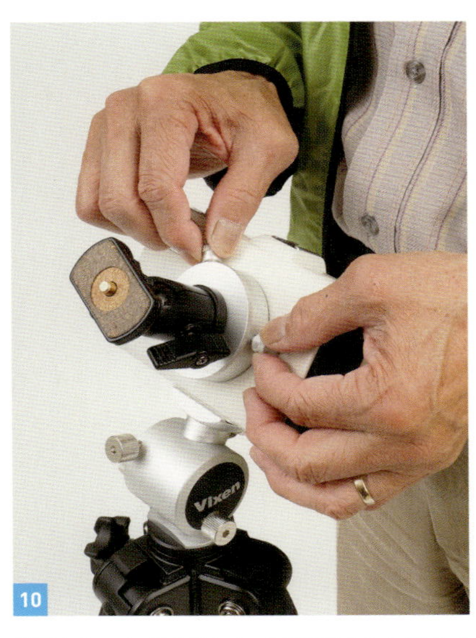

精密なセットができたら、4で取り外した雲台ベースに、内側からのネジでカメラ用の自由雲台を取り付け、本体にもどします。

カメラ本体を取り付けます。ポラリエの搭載重量は雲台を含めて2kgですので、カメラとレンズ合わせての重量を計っておきましょう。

カメラの構図を確認するときにファインダーをのぞいたりしますが、その際、三脚やカメラに触れないように注意しましょう。

南十字星を中望遠レンズを
使ってガイド撮影。

夏の天の川を広角レンズ
でガイド撮影。

中望遠レンズを使いいて座の天の川の濃いエリアをガイド撮影。M8,M20,M17などが写っています。

星空と記念写真

すばらしい星空や天文現象に出会ったとき、そこにいた記念として、自分と一緒に星空を写した写真を残すと、いい記念になります。私も、大きな彗星が現われたときや、風光明媚なところで撮影するときには、自分や星仲間たちを星空の手前に写し込んで楽しんでいます。

撮り方は意外と簡単です。スマートフォンでの撮影でも紹介したワイヤレスリモコンを使用し、星空と自分の構図を決めて自撮りをするだけです。シャッターを開けて、ライトの明かりをわずかに当てるだけで、ストロボを使わなくても結構うまく写るものです。もちろん、自撮りでなく、誰かに撮ってもらってもいいですし、友達を撮ってあげても喜ばれるでしょう。

なお、タイムラプス撮影に写り込む場合は、スタートする前に試し撮りをして露出などを調整してからスタートさせると、とてもきれいな仕上がりとなります。不自然な写真にならないような工夫をして、何枚か撮影してみてください。

第４章

いろいろな天体を写してみよう

流星群を写そう

固定撮影で写す

それは2001年11月19日でした。「しし座流星雨」。え、「雨」？と思う方もいるでしょうが、このときはまさに“雨あられ”という表現のごとく、たくさんの流れ星が観測されました。

毎年同じ時期に流れる流星群を楽しみにしている方も多いでしょう。特定の彗星の通り道を地球が横切るとき、彗星がばらまいたチリが大気に触れて発光するのが「流星群」です。

流星は、いつどこにどの方向に出るかわかりません。期待する方向に出なかったり、全体の出現数が少なかったりします。しかし、予報数以上の場合もあります。

流星群を把握しよう

天文年鑑などにはこれらの流星群の一覧表がありますから、月明かりに影響のない日や方向を定めて観測しましょう。デジタルカメラで星空の撮影が手軽にできるようになり、流れ星も以前より気軽に撮影できるようになりました。流れ星の撮影では、広角レンズで、絞りF値の明るめのレンズを使用します。星空をより広くカバーできる14〜16mmレンズでは、写野が広く、写り込む流星の数を増やすことができますが、流星そのものが小さくなってしまいます。24mm程度の焦点距離のレンズが比較的バランスがよいでしょう。

おもな流星群一覧

流星群名	出現期間	極大	極大時1時間あたりの流星数
しぶんぎ座流星群	12月28日～1月12日	1月4日ごろ	45
4月こと座流星群	4月16日～4月25日	4月22日ごろ	10
みずがめ座η流星群	4月19日～5月28日	5月6日ごろ	5
みずがめ座δ南流星群	7月12日～8月23日	7月30日ごろ	3
ペルセウス座流星群	7月17日～8月24日	8月13日ごろ	40
10月りゅう座流星群	10月6日～10月10日	10月8日ごろ	5
おうし座南流星群	9月10日～11月20日	10月10日ごろ	2
オリオン座流星群	10月2日～11月7日	10月21日ごろ	5
おうし座北流星群	10月20日～12月10日	11月12日ごろ	2
しし座流星群	11月6日～11月30日	11月18日ごろ	5
ふたご座流星群	12月4日～12月17日	12月14日ごろ	45

ヒマラヤで撮影した
ふたご座流星群。

流星群を写そう

ガイド撮影で写す

毎年決まった時期に多くの流星が見られる流星群は、星空の決まった場所から、放射状に流れるように見えます。この場所を輻射点とよんでいます。この輻射点がわかるくらい、数多くの流星を1枚の写真に写し撮ることはできるでしょうか。

流星群のガイド撮影では極軸合わせが大切です。

このような場合、星空の軌跡を比較明合成するときと同じ方法で、数多くの写真を連続して撮り、その中から流星が写った写真だけを比較明合成することで、連続して撮影した時間に流れた流星をすべて1枚の星空写真に収めることができます。

星空の軌跡の場合と異なるのは、一度決めた撮影する星空の範囲が変わらないように、カメラを赤道儀に載せてガイド撮影することです。

暗い流星まで写るようにレンズの絞り値は開放F値かその近くにして、ISO感度は常用ISO感度の最高値に設定し、あとは夜空の条件に合わせてシャッタースピードを決めるとよいでしょう。

あとはインターバル撮影の要領で、赤道儀でガイドしながら、連続撮影します。

比較明合成したとき、星の位置がずれてしまわないように、赤道儀の極軸合わせはなるべく正確に行なうのがコツです。

● 流星が写った最初の写真

● 流星が写った写真を比較明合成した写真

流星群を写そう 動画で写す

天体の動画撮影は魅力的なテーマの一つです。超高感度で、しかも4K画質で動画撮影ができるカメラも多く、星空や天の川に加えて流星も撮影できるようになりました。

とくに、カメラレンズのF値の明るい広角レンズとの組み合わせで撮影した星空の光景や天の川の姿は息を呑む美しさです。さらに流星を動画で撮影するには最適で、暗い流星までとらえることが可能です。流星群の撮影にも便利です。

流星を肉眼で見たように動画で写せれば臨場感も表現できますし、予測のつかない隕石落下をともなうような火球の出現も、最近ではドライブレコーダーや防犯カメラに偶然写っていた、などという事例が多くあります。

流星群を映すことのできるデジタルカメラ関連機器をここで紹介しましょう。

高感度デジタルカメラ

一眼レフカメラでISO感度40万台のものが出現し、驚きを見せました。これからもどんどん高感度のカメラが市販されると思いますので非常に楽しみです。流星群のネット中継でも、これらのカメラが大活躍です。

高感度Webカメラ

火球監視カメラとして、以前から実用されていて、全天周の星空も撮影しながら火球をとらえる目的でも設置されている場合がありあす。

ドライブレコーダー

私も実際に装備していますが、ときおり火球をとらえることができます。

家庭用防犯カメラ

長時間録画の機種でも安価に入手できるようになりました。私の自宅の防犯カメラは4台のうちの3台を屋根の上に設置し、空が写る範囲を広くしてあります。おおむね3等星までが写り、これまでに大火球を3個とらえることができました。

2001年11月19日に大出現したしし座流星雨。この時代は、民生用ビデオカメラの前に暗視装置を取り付けて流星群の動画を撮影していました。

● ペルセウス座流星群を動画モードで撮影（撮影：及川聖彦）

月食を写そう
皆既中の月を写す

煌々と輝いていた満月がその光を弱めながら徐々に欠けていき、やがて赤銅色の月が夜空に浮かび上がる皆既月食。満月が地球の影に入り込んで起こる月食は、魅力的な天文イベントの一つです。中でも皆既月食のハイライト、皆既中の月を撮影してみましょう。

皆既中の月は満月とくらべてとても暗く、細い月と一緒に見られる地球照くらいの明るさしかありません。このため皆既中の月を広角レンズで撮るには、暗い星空を撮影するときと同じ方法で撮影することができます。星空の中に浮かぶ赤銅色の月は幻想的で美しい対象です。ぜひ撮影してみてください。皆既中の月が赤く写るよう、露出オーバーにならないように、ふつうの星空写真とくらべて控えめの露出条件にするのがコツです。

広角レンズのほかにも標準レンズや望遠レンズを使って、星座や星雲星団と一緒に撮影してみるのもおもしろいでしょう。

天体望遠鏡を使って皆既中の月を拡大して撮る場合は、ISO感度を上げても数秒から数十秒といったシャッタースピードが必要になります。このため赤道儀式架台に搭載した天体望遠鏡で撮影するとよいでしょう。赤道儀架台の追尾モードに「月追尾モード」がある場合は、それを使うようにしてください。月は星とくらべて移動速度が数パーセント遅いので、星を追尾する速度で皆既中の月を写すと少しブレが出てしまうからです。

皆既中の月の露出条件は、119ページにある月食の適正露出表を基準に、何段階か露出を変えて撮り、好みのものを選ぶようにするとよいでしょう。

皆既中の月の明るさや色あいは、食の深さや、火山の噴火など地球の大気の状態により変化することが知られています。月が本影中心近くを通過する深い食では比較的暗い皆既月食に、逆に月が本影の端をぎりぎり通過するような浅い食では比較的明るい皆既月食となります。

● 皆既中の月を広角レンズで撮影した星空写真

● 皆既中の月を天体望遠鏡で撮影した写真

月食を写そう

月食の連続写真を写す

満月が徐々に欠けていき、最大食をむかえたあと、また満月へと復円していく。こういった月食の一連の過程を1枚の写真に仕上げるのもよいですね。

カメラを三脚に固定したまま、数分おきに撮影し、月食の過程を連続写真で撮影する場合は、撮影レンズの焦点距離が、月食の全経過が収まるような画角のレンズを選びます。天文雑誌の情報記事を参考に、天文シミュレーションソフトで事前にシミュレーションしてみるとよいでしょう。撮影する間隔は、広角レンズを使う場合、3分から5分程度がよいでしょう。撮影した連続写真を比較明合成すればできあがりです。

また、望遠レンズや天体望遠鏡で月を連続撮影して、地球の影を写し撮る方法もあります。一定時間おきに月を撮影し、天文シミュレーションソフトなどを参考に、撮影した月を欠け際に沿って並べてみてください。作例写真のようにうまく地球の影が浮かび上がったでしょうか。撮った月の写真

● 部分月食の連続写真

の位置を変更して合成できる画像処理ソフトで月の位置を調整し、比較明やオーバーライトなどの合成方法で仕上げればできあがりです。

月食の適正露出表（ISO100 F8の場合）

満月	1/500秒
半影食	1/250秒～1/500秒
欠け始め、終わり	1/125秒～1/250秒
20%	1/125秒～1/250秒
40%	1/60秒～1/125秒
60%	1/30秒～1/60秒
80%	1/8秒～1/15秒
皆既の始め、終わり	2秒～4秒
皆既中	10秒～20秒

日食を写そう

太陽を月が隠すことによって起こる日食は、月食と並んで魅力的な天文イベントの一つです。安全に充分気を付けて、欠けていく太陽の姿を写真に収めてみてください。

日食撮影のために必ず必要になるのが、太陽の光を減光するためのフィルターです。さまざまなものが販売されていますので、自分のカメラレンズや天体望遠鏡に合ったものを用意するようにしましょう。

減光フィルターは、カメラレンズや天体望遠鏡の筒先に取り付けます。撮影中に外れたりしないよう、しっかりと取り付けられるものを選ぶようにしましょう。またフィルターには、眼視での観察用と、写真撮影専用のものがあります。眼視観察用のものは写真撮影にも使うことができますが、写真撮影専用のものを使用する場合は、カメラの光学ファインダーをのぞくことはせず、液晶画面に写った太陽で、構図やピント合わせをするようにしてください。

太陽が欠けている割合を「食分」といい、これにより露出を調整します。下の日食の適正露出表を見て、露出条件を決めてください。太陽の中心付近が白飛びしないように露出を決めるとよいでしょう。

濃い雲の中からときおり太陽がちらちらと見えるような気象条件の場合、太陽減光用のフィルターを付けていると、太陽が見えない場合があります。

部分日食撮影の露出の目安（感度設定がISO100の場合）

フィルター	絞り	食分40%	食分60%	食分80%
D4（ND10000）	F8	1/8000秒	1/6000秒	1/4000秒
	F11	1/4000秒	1/2000秒	1/1000秒
	F16	1/2000秒	1/1000秒	1/500秒
D5（ND100000）	F8	1/1000秒	1/500秒	1/250秒
	F11	1/500秒	1/250秒	1/125秒
	F16	1/250秒	1/125秒	1/60秒

皆既日食

太陽が月に完全に重なって隠され、黒い太陽の周りに真っ白なコロナが広がって見えます。ごく限られた地域とタイミングで見られます。

金環日食

月が太陽に完全に重なりますが、月の見かけの大きさが太陽より小さいため、月の周りに太陽がはみ出してリング状に見える日食です。

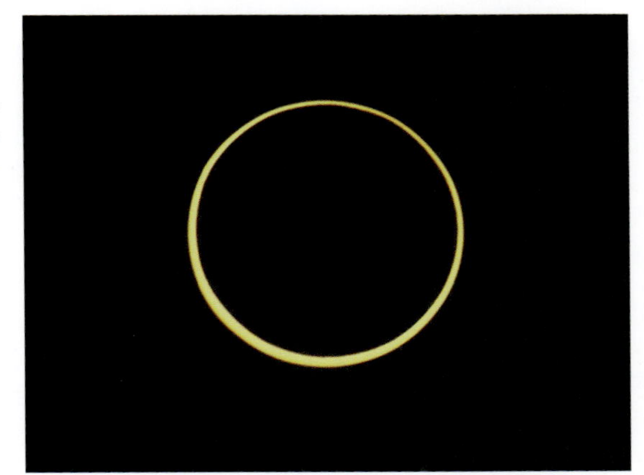

部分日食

月が太陽の一部分だけを隠すため、一部分だけが欠けて見える日食です。皆既日食や金環日食の過程でも、同じように欠けた形が見られます。

このような場合はISO感度を上げるなどして対処します。安全のため、なるべく太陽減光用フィルターは外さないようにしましょう。

2009年の皆既日食や2012年の金環日食は、日本でも大きな話題になりました。次に日本で見られるのは、皆既日食は2035年、金環日食は2030年です。しかし海外に視野を広げれば、皆既日食や金環日食は毎年のように起こっています。海外旅行先で見られるようなときは、ぜひ撮影に挑戦してみてください。

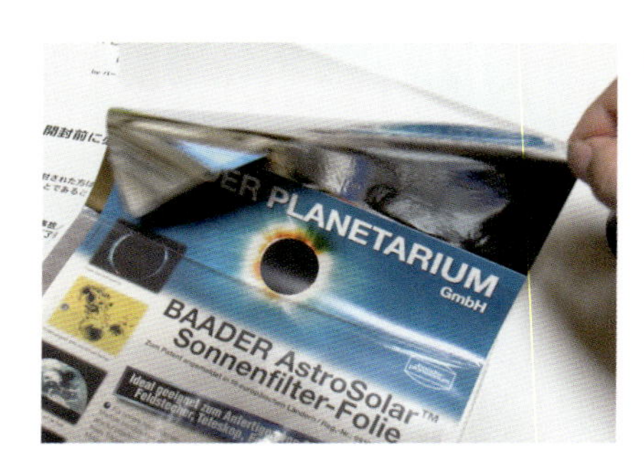

● **太陽観察専用の減光フィルター**

写真はフィルム状のもので、ハサミで切って、テープなどでしっかりと固定して使います。使用方法や注意をよく守って使ってください。

日食（太陽）を撮影するときに気を付けてほしいこと

カメラや天体望遠鏡を太陽に向ける前に、必ず太陽減光用のフィルターを付けるようにしてください。また、減光フィルターを付けた場合でも、長時間にわたり太陽に向けたままにすることは避けるようにしましょう。カメラのセンサーなどを損傷することもあります。デジタル一眼レフカメラなどの光学ファインダーを備えたカメラは、光学ファインダーをなるべくのぞかないようにしましょう。撮影専用の減光フィルターは、赤外線や紫外線など目に有害な光を透過してしまうものがありますので、とくに注意が必要です。網膜損傷や失明の危険がありますので、液晶画面に写った太陽像を構図合わせやピント合わせに使用するなどして、絶対に眼で直接のぞかないようにしてください。

●皆既日食連続写真（2019年7月2日、チリ）

5分インターバル撮影、比較明合成（撮影：池田晶子）

人工衛星を写そう

夜空に輝いているのは、星ばかりではありません。人が作り上げた人工衛星も光り輝いています。人工衛星は、宇宙から地上を観測するものや、国際宇宙ステーション（ISS）のように宇宙飛行士が乗り込んで実験を繰り返しているものなどさまざまです。天体写真そのものを目的としたとき、人工衛星が画角内を通過したときにはがっかりさせられてしまいますが、星空風景写真のような場合には、花を添えるときもあります。固定撮影と同じ要領で写すことができますので、人工衛星が飛んでいく先にカメラを向けて待ち構え、撮影をするとよいでしょう。

ISSは、天頂付近を通過する際は5〜6分間ほど見えます。見かけのスピードは上空を飛ぶ旅客機と同じですから、撮影する場合は高感度の設定で、20秒前後で撮影するのがよいでしょう。

ISSと飛行機の光跡

羊蹄山とISS
JAXAのWebサイトには「きぼう」を見ようというページ（http://kibo.tksc.jaxa.jp/）があり、各地からの見える範囲で予報が掲載されています。

オーロラを写そう

オーロラといえば「一生に一度は見てみたい！」という人も多いでしょう。そして見に行くとなれば、ぜひとも写真におさめたくなるはずです。
オーロラは、極(磁極)を取り巻くオーロラベルト帯というエリアにあたる場所で見られます。アラスカのフェアバンクス、カナダのイエローナイフなどが鑑賞地として知られています。

オーロラは自然現象なので、晴れていても必ず見られるとは限りません。太陽活動や地球の磁場など、いくつかの条件がそろってはじめて、オーロラは姿を現わします。なお、オーロラの見える高緯度地方は、夏季は夜がとても短いか白夜になり、見るのはむずかしいため、秋～春がオーロラシーズンです。

撮影のポイント

オーロラの撮影は、カメラ三脚にカメラを載せて撮影します。星空の固定撮影の要領とほとんど同じです。ピントは無限大、絞りは開放に近いF値を選びます。オーロラ撮影では、オーロラの動きを止めて写すためになるべく速いシャッター速度にしたいので、感度は高めに設定します。ただし、ISO感度を高くするほど画質が荒れるので、試し撮りをして、自分で納得のいく感度設定、露出、絞りF値の組み合わせを決めておきましょう。ただし、幸運にも明るいオーロラが出た場合には、露出が1秒未満でも露出オーバーになってしまいます。露出はオーロラの規模に応じて変えるようにします。

オーロラが見えるような地域の冬の夜間は、マイナス30度近く冷え込むこともザラです。吐く息も凍ってしまうので、カメラやレンズに息がかからないように注意しましょう。オーロラの出現をしばらく待つ場合には、カメラにカバーをかけておきます。レンズ用ヒーターがあると役立ちます。バッテリーは予備を必ず用意し、防寒着の内ポケットに入れておきましょう。

また、極低温ではリモートスイッチのトラブルがよく起こります。あえてリモートスイッチを使わず、2秒程度のセルフタイマーを使う場合もあります。

アイスランドの氷河湖で撮影したオーロラ

アラスカ・フェアバンクスで撮影したオーロラ

撮影の失敗例とその原因

　せっかく撮ったのに失敗した写真を見ると、がっかりしてしまいます。しかし、次はそんなことが起きないよう、失敗の原因についてはっきりさせておきましょう。

ブレ

　星空の写真は、バルブで長時間の露出をすることが多いものです。シャッターを切る場合、指でシャッターを押すとカメラに震動が伝わるため、必ずリモートスイッチを使います。また、三脚を立てる地盤がゆるくて沈んでしまう場合、三脚や雲台のネジがしっかり止まっていなくて動いてしまう場合もあります。露出中に誤ってカメラに触れたり三脚を蹴ってしまうこともないよう、気を付けましょう。

ピントのズレ

　撮影を始める前には、ピントを必ず確認します。ファインダーやライブビュー画面でしっかりとピントを合わせましょう。オートフォーカスになっていると、シャッターを切ったときにピントが動いてしまいますので、必ずマニュアルモードにします。操作中にピント調整リングに指が当たったりしてずれないように気をつけてください。ピントを合わせたらピントリングは回転しないようにテープでとめておきましょう。

夜露や霜

　今夜の星空は風もなく澄み切っていてとても良いな、といったときにこそ起こりやすい失敗です。湿度が高く

● ブレ

● ピントのズレ

風がない夜は、始末の悪い夜露がレンズに付いてしまい、ほとんど写らない状態になってしまうことがあります。撮影の合間にときどきレンズやフィルターの状態をチェックしましょう。このような夜には、露除けのヒーターをあらかじめレンズの先に取り付けておくとよいでしょう。

光の写り込み

手元のライトやヘッドランプが、写真に写り込まないよう注意しましょう。直接光が入っていなくても、近くの風景を照らし出してしまったりしますので、露出中は点けない方が安全です。赤色ライトも同様です。また、防犯灯や街路灯もかなり写真に影響しますので、できれば付近での撮影は避けたいところです。なお、車のヘッドライトの光が入ると、レンズがハレーションを起こし、星の写真どころでなくなってしまいます。

雲

撮影を始めたときには晴れていても、次第に雲が増えて、気付いたら曇っていたということはよくあります。露出したときに晴れていても、露出中に画面内を雲が通過してしまうと、星はぼやけて写ってしまいます。空の暗い場所では薄い雲の存在を見落としてしまうことも多いので、撮影している方向にはつねに気を配ってください。撮りたい方角を雲が通過しそうなときは無理に撮ろうとせず、他の方角を撮影しながら、晴れてくるのを待ちましょう。

これらのほかにも、カメラの操作を誤ってうっかり撮った画像を削除してしまったり、最初の設定を誤って画像サイズが小さくなってしまったりなど、思わぬミスも発生します。できるだけ失敗作は少なくしたいものですね。

● 光の写り込み

● 雲

飛行機から星を写してみよう

飛行機の窓側の席で、夜のフライトであったら、飛行機からの星空撮影のチャンスです。

窓の外をよく見ると、意外にも星がよく見えていませんか？

ただ、最新の機体では、窓自体に調光のシステムが組み込まれているものもあり、そういうタイプの窓は、星が見えにくくなっています。

窓の位置関係から、仰角の低い位置に見えている天体しか見ることはできませんが、流星や天の川、日食や、オーロラも機上で見ることができます。

飛行機から星を撮影するには、機内の明かりをカットしなくてはいけません。その対策として専用の遮光布が市販されています。また、地上での星ぼしを撮影するように三脚を立てて撮影するスペースはありません。機体の振動や揺れがありますので、しっかりカメラを持って撮影します。デジタルカメラですから何枚も撮影してみましょう。また、周囲の人に迷惑をかけないようにするのも大切です。

(上) 機内からの撮影では、遮光できるような道具を使い、星空を撮影します。
(下) 機内から撮影したオーロラ。

離陸後すぐに星空が見えてきます

第5章

星空写真のRAW現像と画像処理

RAW現像＋レタッチについて

レタッチソフト

カメラで撮影した写真は、メモリーカードなどの記録媒体に画像ファイルとして保存されます。この画像ファイルは、パソコンやスマートフォンなどで見ることができますし、インターネットを使ってSNSなどにアップロードすることで、家族や友人と共有して閲覧することもできます。

でもせっかく撮影した写真が、暗過ぎて人の顔が見えなかったり、逆に明る過ぎたり、はたまた画面に余計なものが写り込んでしまっていたりなど、撮った写真を修整したくなることがよくあります。パソコンやスマートフォンのアプリには、このような画像ファイルを簡単に修正できる、画像処理ソフトやレタッチソフトがたくさんあって、使ったことがあるという人も多いことでしょう。

星空写真は、少しの明るさの違いや

● Adobe Lightroom

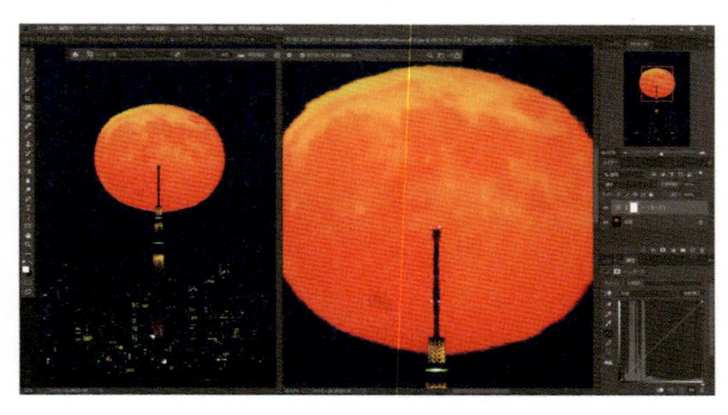

● Adobe Photoshop

色調の違いなどで大きく印象が異なってしまうことが多く、撮影時に決めた露出条件でばっちりの写真が撮れることは、ベテランの人でもめったにありません。

そこで活躍するのが画像処理ソフトやレタッチソフトです。星空写真では自分のイメージに合った美しい写真にするために、レタッチソフトは必須のアイテムといえるでしょう。

RAWファイル

レタッチソフトを使って星空写真をいろいろレタッチしてみると、どうしても自分の思いどおりの写真に仕上がらないことがあります。たとえば、暗過ぎた写真をレタッチソフトで明るくしてみても、暗い部分のノイズが目立つだけだったり、グラデーションの部分にトーンジャンプといわれる縞模様が現われたりして、とても美しいとはいえない写真になってしまいます。

これはカメラで撮影した画像ファイルが、カメラ内部の画像処理エンジンによって、人が写真を鑑賞するときに最適な画像となるよう変換され、またファイルのサイズを小さくするために圧縮されているためです。一般にデジタルカメラのセンサーは16384（14bit）や4096（12bit）の階調を再現できますが、メモリカードに保存される画像ファイルは、センサーが得られたこれらの階調を256（8bit）に圧縮して保存されたものなのです。いわばすでにカメラ内部の画像処理エンジンによってレタッチされた写真を再レタッチしても、もうレタッチする自由度は残されていない状態と考えてよいでしょう。

そこで星空写真におすすめしたいのが、RAW（ロー：生データ）形式です。デジタルカメラではカメラが光の強弱を電気信号に変換し、デジタルの数値に変換（量子化）したままの値を記録するRAW形式で、カメラの持つ階調すべてを画像（生のデータ）として保存できるものがあります。

RAW形式のファイルは、パソコンやスマートフォンで画像を作るためには専用のアプリで現像しなければいけません。しかしカメラが記録した生のデータをそのまま保存できるため、あとでレタッチなどの調整が自由にできます。より美しい星空写真を写してみたい、今後本格的に星空写真に取り組んでみたいという人は、RAW形式でもファイルを保存しておくとよいでしょう。

RAW現像でできること

RAW形式で保存した画像（生データ）は、写真を撮ったときのカメラの設定のうち、シャッタースピードやISO感度、絞り値といった露出の設定値以外の設定値は、あとで変更することができます。ホワイトバランスやピクチャースタイル、シャープネス、高感度ノイズリダクションの有無や強弱といった設定です。 たとえば、撮影時にホワイトバランスを「太陽光」で撮影していたとしても、RAW画像には反映されておらず（設定を太陽光で撮影したことだけは記録されています）、のちに画質をまったく損なうことなく、ホワイトバランスをたとえば「蛍光灯」に変更することができるのです。これがRAW形式の最大のメリットです。

● RAW 現像画面の例
（Adobe Lightroom）

RAW形式の画像をパソコンなどで処理して写真を作成することを、フィルムカメラの時代のフィルムを現像することになぞらえて、RAW現像とよんでいます。RAW現像はRAW現像ソフトで行ないますが、デジタルカメラに付属するメーカー製の専用RAW現像ソフトをはじめ、いろいろなカメラに対応し、高機能なサードパーティ製のRAW現像ソフトがいくつか発売されています。中でもAdobe Lightroomは定番の一つで、パソコンでもスマートフォンでも利用でき、使っている人が多い分、使い方の情報も多くおすすめです。

ではRAW現像ではどういった設定を変更できるのでしょうか。これはRAW現像のソフトによって異なりますが、以下のような基本的な項目はどのソフトでも行なうことができます。

露出量の増減やハイライトの強弱、シャドウの強弱などは、カメラの基本性能に左右されるものの、カメラ内部で出力した画像からレタッチするよりは、はるかに変更の許容度が高く、仕上がりの美しい写真が得られます。

RAW形式で写真を保存して、RAW現像ソフトで自分のイメージどおりの星空写真に仕上げてみてください。

RAW現像ソフトでできること

- ホワイトバランスの変更
- 露光量（明るさ）の増減
- コントラストの強弱
- ハイライトの強弱
- シャドウの強弱
- 色相の変更
- 彩度の強弱
- シャープネスの強弱
- ノイズリダクションの強弱
- レンズの収差補正の有無

カメラで保存した画像ファイル
（カメラの画像処理エンジンによる写真）

RAWで保存し、パソコンでRAW現像して好みのイメージに仕上げた星空写真

レタッチで知っておきたいこと
レベル補正

レタッチの基本の一つに、レベル補正があります。レベル補正はヒストグラムで表わされたピクセルの明暗分布図をもとに、ハイライトやシャドウ、中間調の位置を調整して、階調補正するものです。ヒストグラムの形で露出の状態を確認することができます。

ヒストグラムは横軸に明るさのレベルを、縦軸にピクセル値をとったものです。グラフが作る山のピークがどこに位置するかによって、写真の露出の状態を知ることができるのです。

たとえばグラフの山が左に偏っている場合は、写真の階調域が暗い部分に偏っていることがわかり、露出不足であることがわかります。とくにグラフの左側端に山がある場合は、露出が不足していてシャドウの部分が黒つぶれしてしまっていることがわかります。

逆にグラフの山が右に偏っている場合は、写真の階調域が明るい部分に偏っていることがわかり、露出オーバーであることがわかります。とくにグラフの右側端に山がある場合は、露出がオーバーでハイライトの部分が白飛びしてしまっていることがわかります。

露出が適正な場合は、グラフが作る

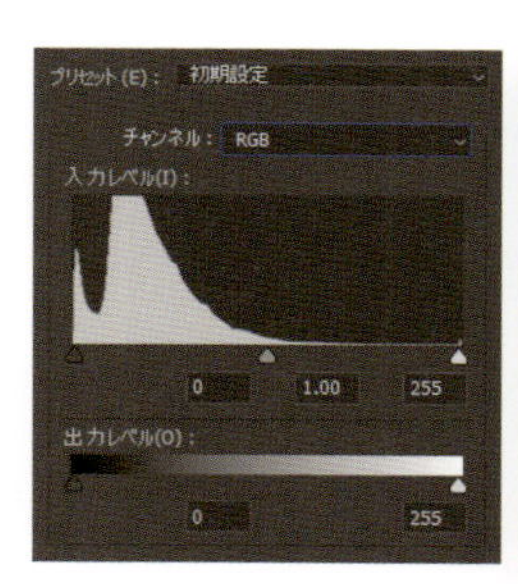

● レベル補正前のヒストグラム

山のピークは中央付近にあって、グラフの右から左に分布するすそ野の広いなだらかな山のようなグラフとなり、黒つぶれや白飛びのない、良質な素材画像といえるものです。

では一般的な星空写真のヒストグラムを見てみましょう。

星空写真のヒストグラムでは、グラフが作る山のピークは中央よりややシャドー寄りにあり、山のすそ野も狭くなっています。グラフ左端にもピークがありますが、これは背景の夜空です。このように星空写真は露出が不足気味で、階調の幅も狭くなっていることが多いようです。このままではコントラストが低く、先鋭感のない写真となってしまいます。

ここでレタッチソフトの出番です。レベル調整を使ってコントラストを高めてみましょう。

レベル調整ではシャドウとハイライトの範囲を変更することができます。この写真ではシャドウとハイライトをグラフの山のすそ野に合わせて狭めるように調節することで、明暗分布を広げ、グラフが作る山をなだらかに広げます。結果コントラストが上がり、メリハリのある画像になりました。

ヒストグラムは明るさの分布を赤・緑・青（RGB）の3色に分けて表示することもできます。グラフの山の頂点の位置が色ごとに大きく分かれている場合は、ホワイトバランスがずれているという目安にもなり、それぞれの色の山の位置を調整することで、カラーバランスの調整にも使うことができるのです。

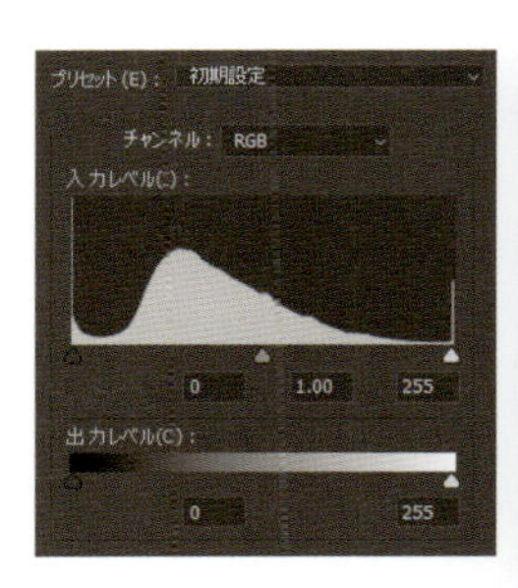

● **レベル補正後のヒストグラム**

レタッチで知っておきたいこと

トーンカーブ

レベル補正と合わせてレタッチの基本となるのがトーンカーブです。レベル補正ではハイライト、シャドウ、中間調の3つのパラメーターを使って階調補正しましたが、トーンカーブはグラフ上のカーブを操作することで階調を調整します。トーンカーブはレベル補正よりもよりきめ細かな補正を行なうことができるのです。

トーンカーブのグラフは横軸に明るさの入力値を、縦軸に明るさの出力値をとったもので、左下角がシャドウを、右上角がハイライトを示します。階調補正は、ハイライトとシャドウを結ぶ

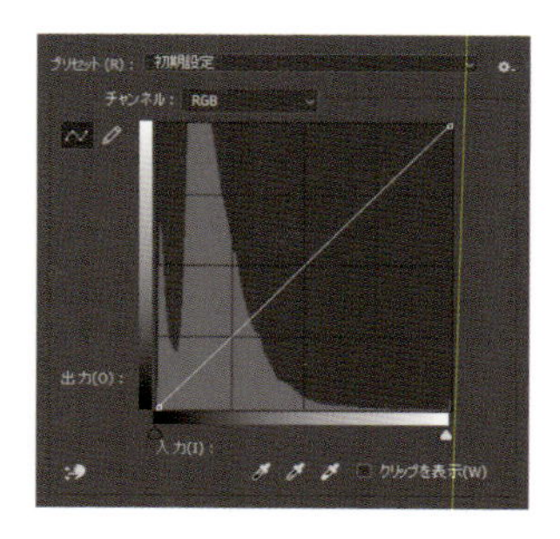

● **トーンカーブ**（調整前）

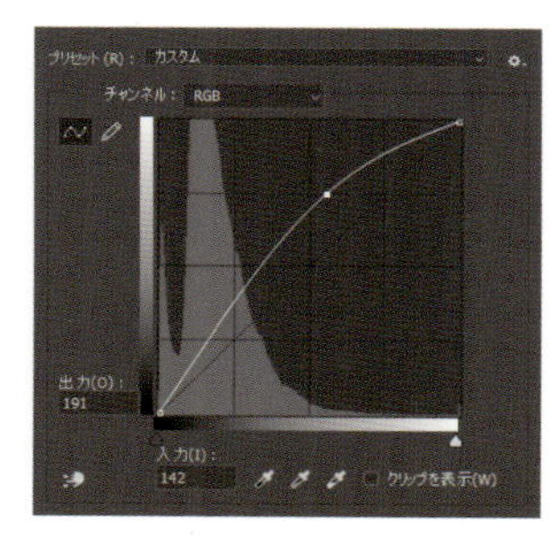

● **トーンカーブ**
（中間調からハイライトにかけてを明るく調整）

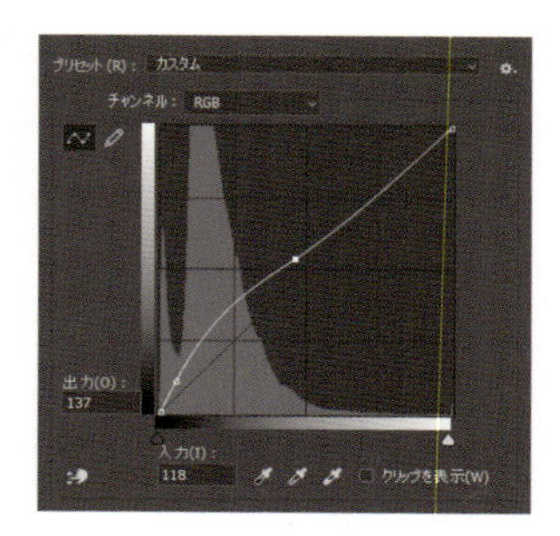

● **トーンカーブ**
（シャドウから中間調にかけてを明るく調整）

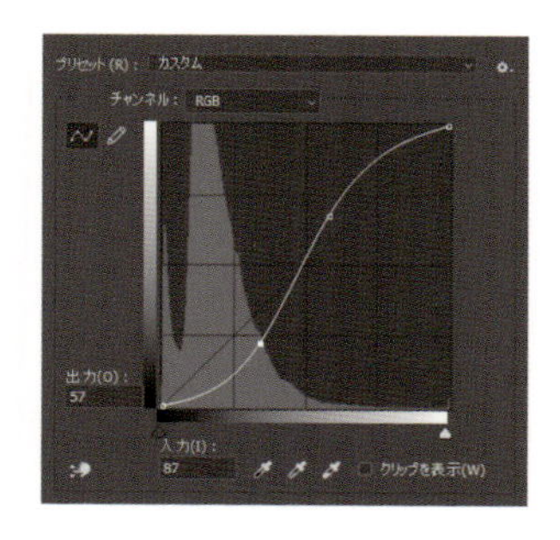

● **トーンカーブ**
（コントラスト向上）

直線上に制御点を追加し、トーンカーブを変形させることで行ないます。複数の制御点を指定することで、トーンカーブを自由自在に変形させることができます。

それでは、トーンカーブのいくつかの典型的な例を紹介しましょう。

まず最初に、中間調からハイライトにかけて明るくするトーンカーブの形を見てみましょう。これはトーンカーブ中央に制御点を通過し、上方向に弓なりになるよう変形することで実現できます。シャドウ部の変化は緩やかに、中間調が持ち上げられ、全体に明るい写真にすることができます。逆に下方向に変形することで中間調が抑えられ、全体に暗い画像にすることもできます。

2つの制御点を使って、シャドウ部を下げ、ハイライト部を上げるようにトーンカーブをS字状に変形すると、シャドウ部とハイライト部の明暗がより強調され、コントラストを向上させることができます。

このように、トーンカーブを用いると、特定の明るさの範囲だけ強調するといった、細かな調整が可能になるのです。

ここまでは画像の明るさに対してトーンカーブを適用する方法を紹介しましたが、RGBの各色に対して個別にトーンカーブを適用することもできます。たとえば赤(R)のチャンネルのトーンカーブを調整することで、特定の明るさの赤みを強調したり、減衰させたりすることができるのです。

トーンカーブを思いのままに調整できるようになると、階調補正や色調補正をトーンカーブだけで行なえるようになるでしょう。

● トーンカーブ調整前

● トーンカーブ調整後

レタッチで知っておきたいこと

シャープネスの調整とアンシャープマスキング

暗く細かな星が、散りばめたようにたくさん写った星空写真をよりシャープに仕上げたいと思うことがあります。

レタッチでは階調や色調の調整のほかにも、写真のシャープネスの調整や、エッジの強調などさまざまな処理を施すことができます。

ここではエッジ強調の例として、アンシャープマスキング法を紹介します。

左下図はグレーを背景にやや明るい円と文字を描いたもので、下側の円はその拡大画像です。

右下図にはアンシャープマスキングとよばれるシャープフィルターを施したものです。両者の違いは明確で、円の輪郭（エッジ）が強く浮かび上がっています。このようにアンシャープマスキングは、隣接するピクセル値の差を、エッジの明部はより明るく、暗部はより暗く強調するもので、エッジ強調ともよばれる手法です。

アンシャープマスキングは、適応量、ピクセル半径、しきい値の3つのパラメータで、その効果の具合を調整できます。

適応量パラメータは、隣接ピクセルのコントラスト増加量を示しています。最終プリントサイズを考慮して、処理の強度を決めるようにしましょう。A4サイズなら100％～150％が適切です。サイズ縮小してインターネットにアップロードするような場合は強めの補正

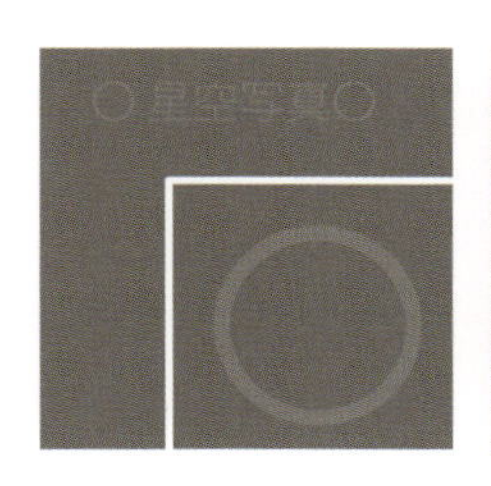

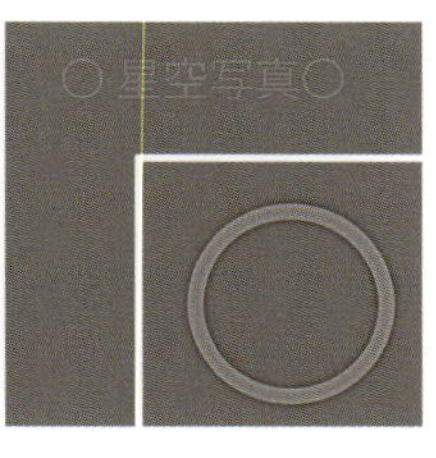

● 左がアンシャープ処理前
右がアンシャープ処理後

をかけてもいいでしょう。ただし過度な強調を行なうと、エッジにハローのような擬似輪郭が出てしまうなど、不自然な画像になってしまうので注意してください。

ピクセル半径パラメータはエッジを中心に指定半径分のコントラスト強調を行ないます。半径値が大きいほど、より明確にエッジ強調が行なわれます。擬似輪郭の発生に注意してください。

しきい値パラメータは、エッジ強調の対象となるエッジのしきい値を指定します。しきい値が小さいほど、ピクセル値の差が小さなエッジまで強調対象となります。

アンシャープマスキング法は、各パラメータの値が画像にどう変化をおよぼすかが理解できるようになると、写真の先鋭感とシャープネスをうまく強調することができ、元の写真では確認しづらかった模様などを浮かび上がらせることができます。さまざまな値で試行錯誤してみてください。

● アンシャープマスク適応前の写真

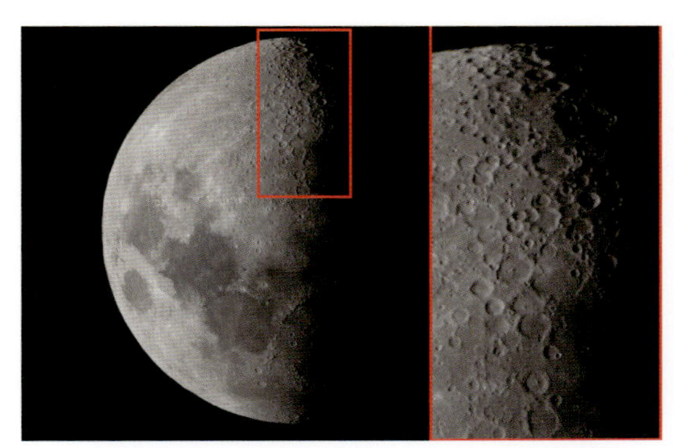

● アンシャープマスク適応後の写真

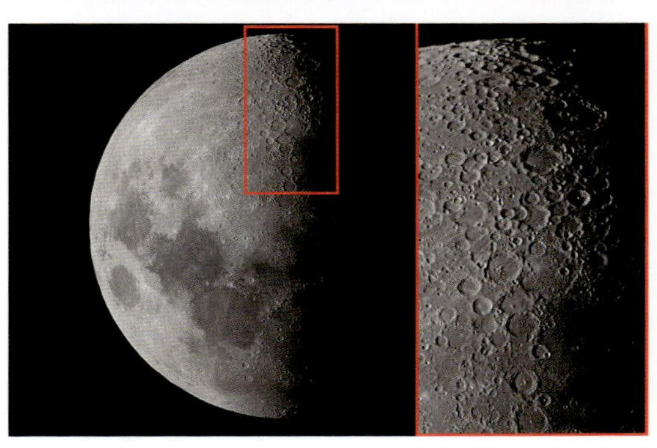

おわりに
～星空の写真を撮るときのマナー

本書では、数多い星空撮影についての基本的なことをまとめてみました。私は日常的に天体観測や星空の撮影をしています。その分、初心にかえれば気が付くようなことが抜けているかもしれません。この本で紹介したこと以外にも、いろいろ楽しめることがあると思います。

たとえば、撮影した画像をカメラモニターやパソコンで見て楽しむだけでなく、プリントしてみてはいかがでしょうか。最近の家庭用プリンターでは写真屋さん顔負けの写真がプリントできます。それを額に入れて部屋や玄関に飾れば、自分だけのすばらしい美術館になります。そうして改めて一枚一枚写真を見ていると、それぞれの写真に感慨深いものがあるでしょう。この一枚を撮影するのは、寒さとの戦いだった、カメラが凍り付きそうだった…。その苦労は、今となってはよい思い出の一つになっているはずです。

最後に大切なこと、星空撮影のマナーについてお話ししましょう。
星空撮影をするのは、一般の方々が寝静まっている時間帯です。起きて夢中になっているのは自分だけです。ですから、近隣住民の方々を気遣い、大声を出さない、むやみやたらに歩き回ったりしないようにしましょう。また、公園などは夜間進入禁止や立ち入り禁止になっている場所もあるので、注意してください。一番気を付けたいのは、人の敷地や畑、耕作地などの私有地に、知らず知らずのうちに侵入してしまうことです。星空とともに印象的な木などを入れて撮影しようとしたとき、こうした個人所有地に誤って侵入しないようにしましょう。

そのためにも、撮影のロケーション選びは、できれば昼間のうちにすませ、撮影場所の確認をしておきましょう。地上の風景を入れずに星だけを撮影したい場合は、駐車場などで撮影することをおすすめします。そして、ゴミは思い出とともに持ち帰りましょう。公衆トイレの存在を把握しておくことも大切です。

そして気を付けたいのが、動物との接触です。郊外には野犬がいるかもしれませんし、私がよく出かける秘境のような山々には、ふもとでも熊が出没します。星空の撮影に夢中になっていると、こうした動物の接近にまったく気付かないものです。しかし気が付かない、見えないのは私たちだけです。夜行性の動物はしっかりと人の存在に気付いています。接触の危険回避の一例として、音楽を流しておくとか、ラジオの放送をかけておくとか、一緒に出かけた仲間とときおり小声でおしゃべりするなど、工夫してください。

また、遠征して撮影する場合などは、ほぼ徹夜の状態で観測や撮影をすることになりますから、帰路で居眠り運転などしないように気をつけてください。撮影終了後、車内でひと眠りしてから帰宅するなど、無理のないようにしましょう。

ほかにも、天体観測のとき同様、むやみにライトを点けたりしない、赤色ライトを使用するなど、マナーなどを守りながら、星空撮影を楽しんでください。

星、月、星座、流れ星、
うつくしい星空を素敵に撮る

星を楽しむ 星空写真の写しかた

2019年8月16日　発　行　　NDC440
2021年6月１日　第２刷

著　者　大野裕明、榎本　司
発行者　小川雄一
発行所　株式会社 誠文堂新光社
〒113-0033　東京都文京区本郷3-3-11
（編集）電話　03-5805-7761
（販売）電話　03-5800-5780
https://www.seibundo-shinkosha.net/
印刷所　株式会社 大熊整美堂
製本所　和光堂 株式会社

ISBN978-4-416-52003-1

大野裕明
（おおの ひろあき）

福島県田村市星の村天文台・台長。18歳から天体写真家・藤井旭氏に師事。以降、数多くの天文現象を観測。また、多数の講演なども行なっている。また、皆既日食やオーローラ観測ツアーでコーディネイトをするなど地球表面上を訪問している。おもな著書に『星雲・星団観察ガイドブック』『プロセスでわかる天体望遠鏡の使い方』『星を楽しむ 天体望遠鏡の使いかた』（いずれも誠文堂新光社）などがある。

榎本 司
（えのもと つかさ）

天体写真家。星空風景から天体望遠鏡でのクローズアップ撮影、タイムラプス動画まで、さまざまな天体写真撮影に取り組み、美しい星空を求めて海外遠征も精力的に行なう。天文誌への写真提供や執筆活動、天文関連ソフトウェアなど多方面で活躍中。おもな著書に『デジタルカメラによる月の撮影テクニック』『PHOTOBOOK 月』『星を楽しむ 天体望遠鏡の使いかた』(いずれも誠文堂新光社刊)」がある。

撮影
青柳敏史

撮影協力
株式会社ビクセン、株式会社サイトロンジャパン、シュミット、株式会社ケンコー・トキナー、キヤノンマーケティングジャパン株式会社、株式会社ニコンイメージングジャパン、リコーイメージング株式会社、オリンパス株式会社、及川聖彦、池田晶子、渡辺和郎、檜木梨花子

モデル
高砂ひなた（サンミュージックプロダクション）

装丁・デザイン
草薙伸行（Planet Plan Design Works）